JN143862

くらべてわかる

哺乳類

著―小宮輝之　絵―薮内正幸

山と溪谷社

はじめに

私の名刺には世界一小さな哺乳類として知られるトウキョウトガリネズミの実物大の足拓が印刷してあります。名刺を受取った人の多くは「こんなに小さなネズミがいるのですね！」と驚きます。私は「トガリネズミはネズミではなくモグラのなかまです」と答えて、「ネズミの前足は 4 本指、モグラの前足は 5 本指で、トガリネズミも 5 本指でしょ！」と違いを説明するのです。「ニホンカモシカはシカですよね?」という質問もよく受けます。「カモシカはシカではなくヤギに近いウシのなかまなんですよ」と答えなければなりません。

クジラやイルカは長い間、アシカやアザラシに近いなかまとされていました。海で生活するうちに足はひれに変化し、外見が似てしまったのです。系統の異なる動物でも環境への適応で似た姿になることを収斂と言います。近年、DNA を使った分子系統学の進展により分類が見直されるようになり、形態から近いなかまとされていた動物が、収斂の結果で、実は系統的に異なっていることがわかってきたのです。クジラやイルカに一番近いのはカバであり、今では鯨偶蹄目という分類単位を使う学者もいます。この本でくらべる動物は日本にいる哺乳類です。姿の似たもの、同じよび名が付いているのに違うなかま、季節や性別、年齢で外見が異なるものといったさまざまな違いを、写真と薮内正幸さんが残した素晴らしい絵、前川和明さんが見事に復元してくれた絶滅種、坂本直美さんの正確なイラストでくらべてわかりやすく解説します。

目次

【図鑑編】

陸の哺乳類

【図鑑編】

海の哺乳類

【くらべてみよう】

column

本書の使い方

サルのなかま

陸の哺乳類

世界最北のサル

ヒトを含む霊長類は最新の分類で 480 種が記載されている。サルのなかまは熱帯起源で、ヒトを除くと寒帯には分布せず、下北半島のニホンザルは最も北に生息するサルである。多くのサルが樹上に適応し、ニホンザルも森林生活者である。日本には固有種 1 種と外来種 2 種が生息する。

ニホンザル
Macaca fuscata

頭胴長：47〜65cm
尾長：6〜12cm
体重：5〜18kg

日本固有種で、本州、四国、九州、屋久島に分布する。森林に生息し、山地だけでなく森のせまる海岸にもすむ。さまざまな植物の葉や芽、果実、種、昆虫やサワガニなども食べる。数頭のオス、十数頭から百数十頭のメスと子で群れを作る。ホンドザルとヤクシマザルの 2 亜種に分けられる。

タイワンザル
Macaca cyclopis

頭胴長：36〜54cm
尾長：26〜46cm
体重：6〜10kg

台湾に分布する固有種。1940 年代に伊豆大島で野生化個体が確認され、その後 1955 年頃に和歌山県、1975 年に青森県でも野生化が確認された。ニホンザルとの交雑個体が生まれており、天然記念物に指定されたニホンザルが生息する下北半島ではタイワンザル全個体が駆除された。

アカゲザル
Macaca mulatta

頭胴長：約50cm
尾長：約25cm
体重：7〜8kg

中国南部からインドに分布する。1995 年以降、房総半島で野生化した個体の群れが発見された。ニホンザルと交雑していることが 2004 年に確認された。交雑個体は尾がニホンザルより長いので純粋なニホンザルと区別できる。

8

くらべてみよう

ホンドザルとヤクシマザルの違い

ホンドザル *M.f.fuscata*

茶褐色もしくは灰褐色の体毛

ヤクシマザル（ヤクザル） *M.f.yakui*

暗灰色の体毛で小型。頭の毛が桃割れになり、顔が角ばって見える

下北のホンドザル（オス）

寒い地方のサルは毛深く大きく見える

高崎山のホンドザル（オス）

暖かい地方のサルはスマートに見える

軽井沢のホンドザル（メス）

オスにくらべてメスは小型

ニホンザルと外来種のサルの違い

タイワンザル

尾は一番長く、おとなのオスでは50cmにもなる

アカゲザル

尾は中間の長さで、毛が長く、太く見える

ニホンザル

尾は短く、尾を上げると尻だこが目立つ

9

写真と解説　同じグループの種類をまとめて紹介

くらべてみよう　類似種との見分け方や生態をくらべて解説

コンセプト

本書は、日本で記録のある哺乳類すべてを掲載し、外見の特徴や暮らしをくらべることをテーマにしています。それぞれの図鑑ページでは、間違えやすいなかまを近くに配置しており、類似する種類を見分ける手掛かりとしてもらえるように工夫しました。

掲載順・学名

掲載順序や学名は『Handbook of the Mammals of the World』（Lynx Edicions Publications）の分類をベースにしていますが、ページ構成の都合上、一部順番を変更したところもあります。

写真・イラスト

本書全体に渡って、できる限りその種類の特徴がわかる写真を掲載しました。実際の体の色味や暮らしている場所を知るきっかけになるでしょう。クジラのなかまなど体が大きく、全身の撮影が難しい種類については、写真脇のイラストで外見上の特徴を示しています。

くらべてみよう／column

それぞれのなかまのページで、特に知っておいてほしい外見や暮らしは「くらべてみよう」「column」という別枠でまとめてあります。ニホンカモシカやニホンジカといった、なかまを超えた比較や、普段なかなか同時に目にすることができない足跡や糞などについても掲載しました。

ケラマジカの親子

図鑑編

陸の哺乳類

サルのなかま

世界最北のサル

ヒトを含む霊長類は最新の分類で 480 種が記載されている。サルのなかまは熱帯起源で、ヒトを除くと寒帯には分布せず、下北半島のニホンザルは最も北に生息するサルである。多くのサルが樹上に適応し、ニホンザルも森林生活者である。日本には固有種 1 種と外来種 2 種が生息する。

ニホンザル
Macaca fuscata

頭胴長:47〜65cm
尾長:6〜12cm
体重:5〜18kg

日本固有種で、本州、四国、九州、屋久島に分布する。森林に生息し、山地だけでなく森のせまる海岸にもすむ。さまざまな植物の葉や芽、果実、種、昆虫やサワガニなども食べる。数頭のオス、十数頭から百数十頭のメスと子で群れを作る。ホンドザルとヤクシマザルの 2 亜種に分けられる。

タイワンザル
Macaca cyclopis

頭胴長:36〜54cm
尾長:26〜46cm
体重:6〜10kg

台湾に分布する固有種。1940 年代に伊豆大島で野生化個体が確認され、その後 1955 年頃に和歌山県、1975 年に青森県でも野生化が確認された。ニホンザルとの交雑個体が生まれており、天然記念物に指定されたニホンザルが生息する下北半島ではタイワンザル全個体が駆除された。

アカゲザル
Macaca mulatta

頭胴長:約50cm
尾長:約25cm
体重:7〜8kg

中国南部からインドに分布する。1995 年以降、房総半島で野生化した個体の群れが発見された。ニホンザルと交雑していることが 2004 年に確認された。交雑個体は尾がニホンザルより長いので純粋なニホンザルと区別できる。

くらべてみよう

ホンドザルとヤクシマザルの違い

ホンドザル *M.f.fuscata*

茶褐色もしくは灰褐色の体毛

ヤクシマザル(ヤクザル) *M.f.yakui*

暗灰色の体毛で小型。頭の毛が桃割れになり、顔が角ばって見える

下北のホンドザル(オス)

寒い地方のサルは毛深く
大きく見える

高崎山のホンドザル(オス)

暖かい地方のサルはスマートに見える

軽井沢のホンドザル(メス)

オスにくらべてメスは小型

ニホンザルと外来種のサルの違い

タイワンザル

尾は一番長く、おとなのオスでは50cmにもなる

アカゲザル

尾は中間の長さで、毛が長く、太く見える

ニホンザル

尾は短く、尾を上げると尻だこが目立つ

リスのなかま

樹上も空中も、森の軽業師たち

リスのなかまはオーストラリアと南極を除く世界中に 51 属 278 種が分布している。さまざまな環境に生息するが、日本には森林性の 5 属 7 種が分布し、そのうち 3 種は空中滑空をするムササビ、モモンガのなかまであり、1 種は外来種である。本州以南に分布する 3 種は日本固有種である。

ムササビ

Petaurista leucogenys

頭胴長:300〜465mm
後足長:64〜74mm
尾長:290〜400mm
体重:720〜1200g

日本固有種で平地から山地の森林に生息する。夜行性で樹上で活動し、足の間にある飛膜を広げて滑空する。木の葉や芽、種子、果実、キノコなどを食べる。単独で暮らし、メスは約 1ha のなわばりをもつがオスはもたない。巣は樹洞に作るが、巣箱や人家の屋根裏の隙間なども利用する。

ニホンモモンガ

Pteromys momonga

頭胴長:145〜172mm
後足長:35〜38mm
尾長:116〜128mm
体重:80〜122g

目のまわりが黒褐色
尾が平たい

日本固有種で本州、四国、九州の山地から亜高山帯の森林に生息する。夜行性で樹上生活を送る。足の間にある飛膜を広げ、木々の間を滑空する。木の枝を集め巣を作ったり、樹洞や鳥の巣箱、山小屋の戸袋などを利用することもある。単独で生活し、木の葉や樹皮、種子、果実、キノコなどを食べる。

エゾモモンガ

Pteromys volans orii

頭胴長:101〜169mm
後足長:33〜35mm
尾長:104〜149mm
体重:80〜140g

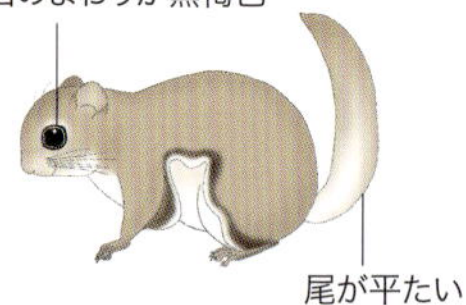

ユーラシア北部に分布するタイリクモモンガの亜種で、北海道に分布する。平地から山地の森林に生息し、夜行性で樹上生活を送る。足の間にある飛膜を広げ、木々の間を滑空する。冬眠も食料の貯蔵もしないが、秋にドングリなどをたくさん食べて皮下脂肪をたくわえる。冬季は保温のため、同じ樹洞の巣穴を複数頭が利用する。

エゾリス
Sciurus vulgaris orientis

頭胴長：226〜253mm
後足長：58〜63mm
尾長：167〜198mm
体重：260〜385g

ユーラシア大陸北部に広く分布するキタリスの亜種で、北海道に分布する。平地から亜高山帯までの森林に生息し、樹上で活動する。移動や採食の時に地上にも降りる。昼行性で種子や果実、キノコ、昆虫などを食べる。秋にクルミやドングリなどを地面に貯蔵し、食べずに残ったものが発芽し、森林の更新を手助けしている。

ニホンリス
Sciurus lis

頭胴長： 158〜218mm
後足長：50〜61mm
尾長：130〜168mm
体重：209〜280g

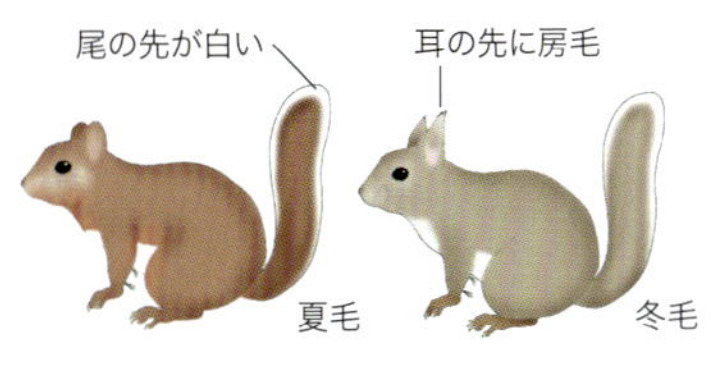

日本固有種。本州、四国、九州の低山帯を中心に平地から亜高山帯までの森林に生息していたが、九州では絶滅が心配され、中国地方でもほとんど見られなくなった。昼行性で、おもに樹上で活動、小枝や樹皮で球形の巣を作る。種子や果実、キノコ、昆虫、小鳥の卵などを食べ、冬の食料にドングリなどを地面に埋める。

タイワンリス
Callosciurus erythraeus thaiwanensis

頭胴長：190〜247mm
後足長：47〜54mm
尾長：165〜200mm
体重：254〜369g

南アジアに分布するクリハラリスの台湾産亜種で、日本では台湾から持ち込まれたものが野生化した。1935 年に伊豆大島の公園から逃げ出したのが最初で、その後も観光用に導入されたものが神奈川県以西で定着している。

エゾシマリス
Tamias sibiricus lineatus

頭胴長：125〜153mm
後足長：34〜37mm
尾長：96〜132mm
体重：73〜99g

ユーラシア大陸北部に広く分布するシマリスの亜種で、北海道に分布する。海岸から高山までの森林に生息し、おもに地上で活動するが木登りもうまい。昼間、樹木や草の種、昆虫や小鳥の卵や雛も食べる。冬眠のため、深さ1mくらいのトンネルを掘り、春になると、新たに別のトンネルを掘って出てくる。

くらべてみよう

モモンガとムササビの違い

モモンガ

モモンガは小型で、飛んでいる姿は五角形に見える。
モモンガのほうが、素早く飛ぶ。

モモンガは同じ巣穴を複数で利用することがある。

ムササビ

ムササビは大型で、飛んでいる姿は長方形に見える。
ムササビのほうが、飛行距離が長い。

ムササビは単独、あるいはメスと子が巣箱を利用する。

夏毛と冬毛の違い（エゾリスの場合）

夏毛はスマートで、耳の毛が短い。

冬毛はフサフサしており、耳の毛が長い。

ヤマネのなかま

冬眠する森の曲芸師

ネズミよりもリスに近縁の小さなげっ歯類で、アジア、ヨーロッパ、アフリカに 9 属 28 種が知られている。森林性で、夜に活動する。雑食性で、冬は木の洞や地中で冬眠する。1 属 1 種の日本固有種として天然記念物に指定されている。

ヤマネ（ニホンヤマネ）

Glirulus japonicus

頭胴長：66〜93mm
後足長：15〜18mm
尾長：38〜59mm
体重：14〜45g

日本固有種で、山地から亜高山帯の森林に生息する。姿はネズミに似るが、独立したヤマネ科に属する。夜行性で、おもに樹上で活動し天敵のフクロウを避けて枝や叢の下側を移動する。果実や種子、昆虫、小鳥の卵などを食べる。樹洞内や木の枝の間、山小屋の壁の隙間などに樹皮や苔を集めて球形の巣を作る。冬眠する。

くらべてみよう

ヤマネとシマリス・ヒメネズミ

冬眠

ヤマネやシマリスは C の字になって冬眠する。

ヤマネの冬眠

シマリスの冬眠

移動

背中の太い黒い線は下から見上げるテンなどに対してカムフラージュ効果があるらしい。よく木に登るヒメネズミは枝の上側を移動する。

ヤマネの移動

ヒメネズミの移動

ネズミのなかま

生態系を支える小さな生きものたち

ネズミのなかまは世界中に 1400 種ほどが分布し、日本には 10 属 21 種が生息する。森林、草原、農耕地や人家周辺、水辺、都市など多様な環境に暮らしている。繁殖力旺盛で、肉食獣や猛禽類の餌動物として生態系を支える動物でもある。日本のネズミはキヌゲネズミ科 7 種とネズミ科 14 種に分けられる。

エゾヤチネズミ
Myodes rufocanus bedfordiae

頭胴長:100〜130mm
後足長:18〜21mm
尾長:43〜55mm
体重:25〜50g

ユーラシア北部に分布するタイリクヤチネズミの亜種で、北海道に分布する。谷地と呼ばれる山間の湿地や草原に生息する。草食性で、草の葉や茎など植物繊維を多く食べるが、果実や種子、少量の動物質も食べる。夜行性。トンネルを掘って巣を作り、食料を貯蔵することもある。冬季は木の樹皮を食べる。

ムクゲネズミ
Myodes rex

頭胴長:120〜140mm
後足長:19〜23mm
尾長:50〜60mm
体重:31〜55g

北海道、千島列島とサハリンなどに分布。ヤチネズミのなかまでは最大種。大雪、日高などの高山と利尻島、礼文島などの森林や高山植物群落に生息する。草や種子、果実、昆虫を食べる。環境省レッドリストでは前者をミヤマムクゲネズミ *M.r.montanus*、後者をリシリムクゲネズミ *M.r.rex* として 2 亜種に分けている。

ミカドネズミ
Myodes rutilus mikado

頭胴長:85〜96mm
後足長:17〜18mm
尾長:33〜40mm
体重:14〜30g

ユーラシア北部やアラスカに広く分布するヒメヤチネズミの亜種で、北海道に生息する。落ち葉の積もった密生した森林で、穴を掘って暮らすが、木にもよく登る。植物の葉や種子、果実、昆虫、軟体動物を食べる。エゾヤチネズミより小さく、背中のオレンジ色が鮮やか。生息数は少ない。

スミスネズミ
Eothenomys smithii

頭胴長：85〜110mm
後足長：15〜18mm
尾長：36〜55mm
体重：19〜30g

腹の色が淡い黄色からオレンジ色を帯びる

日本固有種。低地から高山帯までの山地の森林、植林地や山間の畑などにもすむ。湿潤なところを好み、草や木の葉、芽、ドングリなどの実も食べる。乳頭数は3対だが、関東地方以北のものは2対で、カゲネズミ *E.kageus* として別種とされたことがある。

ヤチネズミ
Eothenomys andersoni

頭胴長：80〜120mm
後足長：17〜21mm
尾長：40〜75mm
体重：22〜43g

腹の色が灰褐色で淡黄色を帯びる

日本固有種で、低地から高山帯まで生息する。沢沿いの岩場や山間の畑の周辺でも石組みの間などにすんでいる。夜行性で草や種子、木の実などを食べる。次の3亜種、トウホクヤチネズミ、ニイガタヤチネズミ、ワカヤマヤチネズミに分けることもある。

トウホクヤチネズミ
E.a.andersoni

東北地方に分布

ニイガタヤチネズミ
E.a.niigatae

中部から関東北部に分布

ワカヤマヤチネズミ
E.a.imaizumii

紀伊半島に分布

ネズミのなかま

ハタネズミ
Microtus montebelli

頭胴長：106～125mm
後足長：18～19mm
尾長：34～46mm
体重：19～47g

日本固有種。低地から高山帯まで広く生息している。畑や水田の畦、周辺の林や藪、河川敷、牧草地で見られるが、原生林やハイマツ帯に現れることもある。地表から地中約50cmに網目状のトンネルを掘り、枯れ草を集めて巣を作る。冬は積もった雪の中にトンネルを掘って暮らす。イネ科やキク科の草を主食とする。

マスクラット
Ondatra zibethicus

頭胴長：200～300mm
後足長：60～80mm
尾長：170～250mm
体重：600～1000g

北アメリカ原産で、戦前は毛皮用に東京都江戸川区で養殖されていた。戦後需要がなくなって放され1947年頃から野生化した。関東地方の平地の水辺に今でも少数が生息している。大型だがハタネズミ亜科に含まれる。

ハツカネズミ
Mus musculus

頭胴長：63～92mm
後足長：14～17mm
尾長：53～66mm
体重：10～16g

世界中に分布する小さなネズミで、日本でも列島の大部分に分布する。渇きに強く、コンテナなどの荷物に潜んで移動する。夜行性で単独、あるいは家族で暮らし、種子や穀類を採食する。沖縄本島では、オキナワハツカネズミとともに見られる。

オキナワハツカネズミ
Mus caroli

頭胴長：74～79mm
後足長：16～18mm
尾長：89～93mm
体重：9～18g

沖縄本島のサトウキビ畑、荒地、水田、草地などに穴を掘って暮らす。尾が長く下側が白いのでハツカネズミと区別できる。台湾、中国南部からマレー半島に分布し、沖縄は最も北の生息地にあたる。

ヒメネズミ
Apodemus argenteus

頭胴長:72〜99mm
後足長:17〜22mm
尾長:74〜108mm
体重:16〜20g

日本固有種。北海道、本州、四国、九州と周辺島嶼に分布。低地から高山帯までの森林に生息する。アカネズミに似ているが、小型で尾が長く、樹上でも生活する。夜行性で、枝先の種子や蔓になっている実、樹上の昆虫なども食べる。地面に巣穴を掘るが、小鳥の巣箱を利用することもある。

アカネズミ
Apodemus speciosus

頭胴長:120〜135mm
後足長:22〜27mm
尾長:100〜120mm
体重:29〜56g

北海道、本州、四国、九州と対馬、五島列島、屋久島などの島嶼に分布する日本固有種。低地から高山帯までの森林や畑、田んぼの畦、河原の藪などに生息する。夜行性で単独で暮らし、巣穴は地中に掘る。植物の種子や根茎、昆虫なども食べ、山小屋の残飯をあさることもある。秋にはドングリを地中に埋めて貯蔵する。

カラフトアカネズミ
Apodemus peninsulae giliacus

頭胴長:92〜108mm
後足長:22〜23mm
尾長:92〜101mm
体重:24〜37g

朝鮮半島からシベリア東部に分布するハントウアカネズミの亜種で、北海道に生息する。アカネズミがいる場所では草原や藪、いないところでは森林で暮らす。木の実を食べる。地上にも営巣するが、地下にもトンネルを掘り、外側をイネ科の草で、内側を広葉樹の葉を使って巣を作る。

セスジネズミ
Apodemus agrarius

頭胴長:130.9mm
後足長:24.6mm
尾長:118.5mm
体重:56.4g

東アジアからヨーロッパに広く分布し、日本では1970年に1頭、1979年に2頭が尖閣列島の魚釣島西側、奈良原岳のやや開けた草原で2頭が採集された。日本における繁殖や生態に関する詳細は不明。左の計測値は魚釣島産個体の1頭のもの。

ネズミのなかま

ドブネズミ
Rattus norvegicus

頭胴長：140〜200mm
後足長：34〜37mm
尾長：130〜170mm
体重：158〜340g

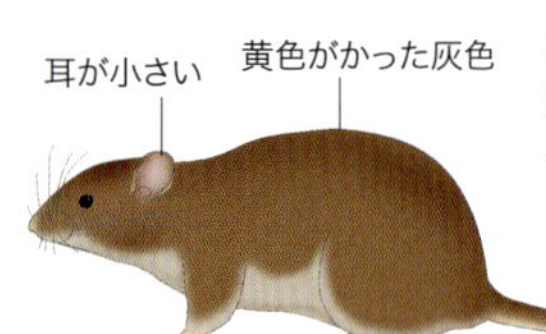

世界中に分布し、日本でも全国に生息している。人のすむ場所や河川、海岸などの湿った土地に生息。市街地では下水、台所の流し、ゴミ捨て場などで見られる。夜行性だが、安全な場所では昼間も活動する。雑食性で動物質を多く食べる。

クマネズミ
Rattus rattus

頭胴長：150〜175mm
後足長：30〜32mm
尾長：155〜190mm
体重：90〜165g

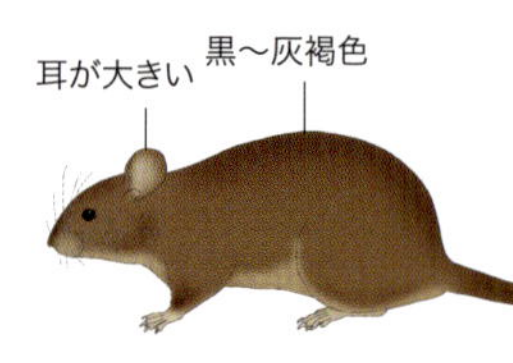

東南アジア原産で、日本全国に分布する。人家の天井裏やビルなどを駆け回るネズミ。手足の肉球のひだが滑り止めになり、水道管や電線を敏捷に移動し、都会の高層ビルにも進出している。毛皮を壁にこするので、黒または灰色のサインが残る。*R.tanezumi* としてヨーロッパ産と分ける説もある。

ナンヨウネズミ
Rattus exulans

頭胴長：105〜125mm
後足長：22〜24mm
尾長：120〜150mm
体重：25〜45g

東南アジア原産のネズミで、日本では 2001 年に宮古島での分布が確認された。宮古島ではいろいろな場所で見つかっているが生態についてはわかっていない。

カヤネズミ
Micromys minutus

頭胴長：54〜69mm
後足長：15〜16mm
尾長：63〜91mm
体重：9〜16g

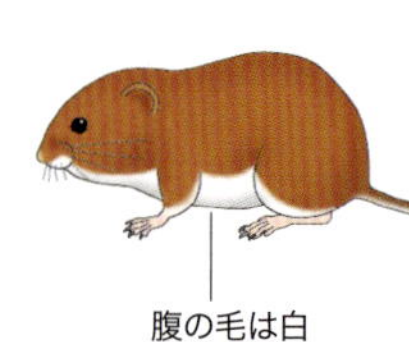

本州、四国、九州と対馬、隠岐諸島などに分布。日本で一番小さなネズミで、低地から標高 1200m あたりまで生息している。水辺のイネ科植物の密生した草地に多く、水面を泳ぐ。ススキやチガヤ、エノコログサなどの葉を編んで球形の巣を作り、冬は地中にトンネルを掘ってすごす。草の実、昆虫などを食べる。

アマミトゲネズミ
Tokudaia osimensis

頭胴長：120〜140mm
後足長：32〜34mm
尾長：100〜130mm
体重：109〜160g

奄美大島に分布する日本固有種。和名の由来になった「とげ状」の針状毛が体全体に生えている。1933年に生息が確認された。夜行性で日中はシイやカシの樹洞などの隙間に潜み、夜、シイの実などの種子や昆虫を食べる。ハブの攻撃を避けるために、ジャンプする。

オキナワトゲネズミ
Tokudaia muenninki

頭胴長：147〜160mm
後足長：34〜37mm
尾長：104〜120mm
体重：164〜187g

沖縄本島に分布する日本固有種。1943年に生息が確認された。夜行性で、ぴょんぴょん飛び跳ねるように移動する。雑食性でマテバシイなど木の実を好むが、サワガニやカタツムリなども食べる。

トクノシマトゲネズミ
Tokudaia tokunoshimensis

頭胴長：160〜170mm
後足長：34〜38mm
尾長：116〜118mm
体重：135〜181g

徳之島に分布する日本固有種。1977年に生息が確認され、その後の研究により、奄美大島に分布するアマミトゲネズミとは別種とされた。日本にいるトゲネズミの中では最も体が大きい。

ケナガネズミ
Diplothrix legata

頭胴長：250〜280mm
後足長：55〜60mm
尾長：325〜330mm
体重：450〜990g

日本固有種で奄美大島、徳之島、沖縄本島に分布。背に長さ5〜6cmの剛毛が生え、尾の先が白い。日本最大のネズミである。夜行性で原生林の樹上で暮らし、昼間は樹洞内に葉や枝で作った巣に潜んでいる。シイの実などの樹木の種子やサツマイモ、バッタなどを食べる。ジュジュジューと鳴くので、ジュジュロと呼ばれている。

くらべてみよう

そっくりなネズミの見分け方

尾

森のネズミ

アカネズミ

尾は頭胴長より短い

ヒメネズミ

尾は頭胴長より長い

町のネズミ

ドブネズミ

尾は頭胴長より短い

クマネズミ

尾は頭胴長より長い

畑のネズミ

ハタネズミ

尾は短く頭胴長の 1/3 ほどしかない

カヤネズミ

尾は長く頭胴長の 1.3 倍ほどある

column

ネズミの巣の違い

カヤネズミの巣は生えたままのアシの茎と葉を切り取らずに編むので、大風にも耐えられ落ちない。春に編みはじめた巣はアシの成長とともに位置が上がり、梅雨などの増水にも耐えられる。ハタネズミは地中に掘ったトンネルの中に枯れ草を集めて巣を作る。

カヤネズミの巣

カヤネズミの巣材集め

ハタネズミの地下巣

ハタネズミのトンネル

史前帰化動物

日本の哺乳類を紹介するリストが年代を追っていろいろと発表されてきた。最新のリストのなかにはドブネズミ、クマネズミ、ハツカネズミが載っていないものがある。昔から日本人の生活に身近な哺乳類として存在してきた生き物が無いと不思議に思う人もいるのではないか。この 3 種を外来種として扱った結果である。古代の人類の移動に伴って、ヒトとともに日本に定着した動物たちを史前帰化動物と呼んでいる。3 種のネズミも古代人の荷物に潜んで丸木舟などでやってきた。3 種のネズミだけでなく身近な動物であるモンシロチョウ、スズメ、イエコウモリなども史前帰化動物と考えられている。

ドブネズミ

ケナガネズミ

ヌートリア

南米から世界中へ

ヌートリアは１科１属１種の大型げっ歯類で、本来の分布は南アメリカである。アルゼンチンからパタゴニアの涼しい地方の水辺に生活するため毛皮が良質で、毛皮獣として世界各地に導入され、日本でも外来種として定着している。

ヌートリア

Myocastor coypus

頭胴長：400〜480mm
後足長：120〜122mm
尾長：350〜360mm
体重：4〜11kg

南アメリカ原産で、毛皮用に輸入され 1940 年代には4万頭も飼育されていた。その後、需要がなくなり放逐されたものが野生化した。西日本の河川敷や用水路など、水辺にすみ、水生植物やドブガイなどを食べる。後足に水かきがある。

小さい目と耳
同筒状の尾

column

産業振興由来の外来種

明治時代から昭和初期までに、外国の動物を輸入し、新しい養殖産業が各地で行われた。ヌートリアとマスクラットは毛皮を軍用の防寒具の素材とするため養殖された。終戦とともに需要がなくなり、放されたものが外来種として定着したのである。北海道のミンクも毛皮の流行が下火になったときに逃げたり、放されたりして定着している。哺乳類以外にも、ウシガエルは食用養殖のために導入され、アメリカザリガニはそのウシガエルの餌として輸入され日本に定着したものである。

ウシガエル

アメリカザリガニ

ウサギのなかま

脱兎のごとく大きな足で跳躍

南極を除く世界中のさまざまな環境に 11 属 61 種が分布し、日本には 3 属 4 種が分布する。日本在来の 3 種は森林や草原、農耕地で生活し、草食性である。外来種のアナウサギは小島などでカイウサギが野生化したもので、昼間も活動する。

アマミノクロウサギ
Pentalagus furnessi

頭胴長：35〜55cm
後足長：6〜10cm
尾長：1〜3cm
体重：2kg前後

日本固有種。耳の短い黒いウサギで、奄美大島と徳之島にのみ分布する。夜行性で、夜になると森の周辺の草地に出て、草や葉のほか、樹皮や根、秋にはシイの実なども食べる。斜面に1mくらいの穴を掘ったり、岩の隙間や樹洞を巣穴にする。

カイウサギ（アナウサギ）
Oryctolagus cuniculus

頭胴長：35〜45cm
尾長：4〜7cm
体重：1.4〜2.3kg

野生種の本来の分布はスペイン東半部だが、移入種としてヨーロッパ各地に生息する。日本ではアナウサギを家畜化した「カイウサギ」が全国 13 か所の島で野生化している。

エゾユキウサギ
Lepus timidus ainu

頭胴長：50〜58cm
耳長：7〜8cm
後足長：16〜17cm
尾長：5〜8cm
体重：2.4〜3.2kg

耳の先が黒い
腹の尾、四肢の一部が白い
冬は全身白色

ユーラシア北部に広く分布するユキウサギの亜種で、北海道に生息する。低地から亜高山帯の森林、草原、農耕地周辺などさまざまな環境に生息する。夜行性で植物の葉や茎、芽などを食べ、雪の時期は草の根や木の樹皮も食べる。褐色の毛が冬は白くなる。

ノウサギ(ニホンノウサギ)
Lepus brachyurus

頭胴長:43〜54cm
後足長:13〜15cm
尾長:2〜5cm
体重:1.3〜2.5kg

日本固有種。野生のウサギで、北海道を除く低地から亜高山帯までの草原や森林などさまざまな環境に生息する。夜行性で巣を作らず、穴も掘らず、単独で行動する。寒冷地では冬季に毛色が白くなり、温暖な地方では冬季も白くならず茶色い。四季の色変わりが異なる4亜種に分けられる。写真は九州、四国、本州に分布するキュウシュウノウサギ *L.b.brachyrus*。

トウホクノウサギ
L.b.angustidens

東北から北陸の雪の多い地方に分布

サドノウサギ
L.b.lyoni

佐渡島に分布

オキノウサギ
L.b.okiensis

隠岐諸島に分布

ナキウサギのなかま

岩場に生きる小さな“鳴くウサギ”

耳の短いモルモットのような小さなウサギで、北半球に1属30種が分布するが、ヨーロッパやアメリカ東部にはいない。山岳の岩場と草原やステップに生息するタイプに分けられ、日本には北海道に山岳タイプの1種が生息している。

エゾナキウサギ
Ochotona hyperborea yesoensis

頭胴長:13〜19cm
耳長:1.5〜2cm
後足長:24〜27mm
尾長:5mm
体重:150g前後

アジア大陸北部に広く分布するキタナキウサギの日本産亜種で、北海道の大雪や日高の山地に生息する。オスは「キチッ」、メスは「ピーッ」と小鳥のような声で鳴く。植物の葉や茎、花、実などを食べる。夏から秋には、草や葉を低温乾燥状態の岩の間に貯め込み、冬の貯蔵食を作る。

くらべてみよう

カイウサギとノウサギの見分け方

カイウサギ

耳が長く、アルビノの個体は目が赤い

穴を掘ってトンネルの中で休む

ノウサギ

耳が短く、冬季白くなる個体でも目は黒い

穴は掘らず茂みで休む

column

カイウサギの祖先はアナウサギ

カイウサギの祖先は、スペイン東部のイベリア半島に分布する野生のアナウサギである。11 世紀頃に家畜化され、15 世紀にはヨーロッパ各地に広まった。繁殖力が強く世界各地で外来種として問題を起こしている。ピーターラビットもアナウサギで、イギリスでは古い時代に入った外来種である。

くらべてみよう

ウサギとリスやネズミの違い

ウサギは前足でものをつかめないが、リスやネズミはつかむことができる。

直接口で草を食べる
キュウシュウノウサギ

前足でクルミをつかんで食べるニホンリス

前足でトウモロコシをつかんで食べる
ドブネズミ

ウサギの上あごの切歯は前後に重なる 2 対。
上下で 6 本の切歯がある。

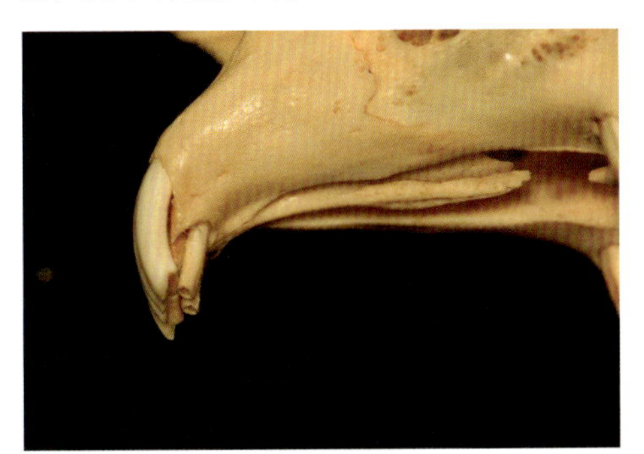

ノウサギ上あごの切歯

リスやネズミの上あごの切歯は 1 対。
上下で 4 本の切歯がある。

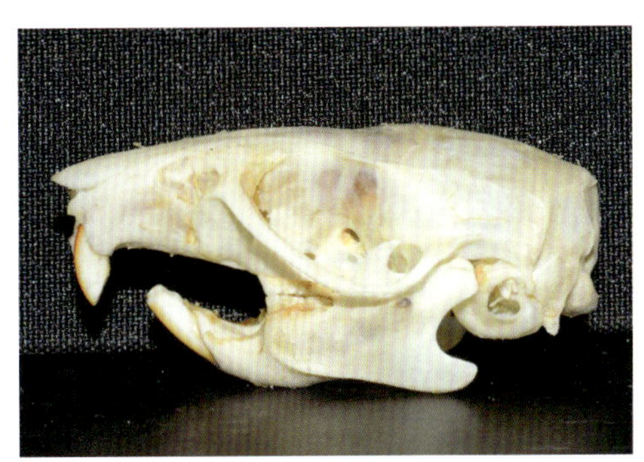

クマネズミ頭骨

ウサギの前足は 5 本指、後足は 4 本指

後足の手入れをするエゾユキウサギ

リスやネズミの前足は 4 本指、後足は 5 本指

爪を樹皮に引っかけて逆さまに移動するエゾリス

アマミノクロウサ

ハリネズミのなかま

ペットから外来種に

毛を針状にして身を守るようになった哺乳類の一つがハリネズミで、アフリカ、ヨーロッパ、アジアに 10 属 24 種が分布する。食虫類の一員であったが、最新の分類では独立した分類群になった。日本ではアムールハリネズミが外来種として定着しつつある。

アムールハリネズミ

Erinaceus amurensis

頭胴長:230〜320mm
尾長:23〜37mm
体重:450〜750g

ユーラシア東部に分布する。ペット由来と考えられるものが国内各地で目撃されていたが、1987 年、神奈川県で子を連れた個体が見つかったことから、繁殖しているものと考えられる。

column

ペットから外来種へ

史前帰化動物を外来種の第 1 弾［21 ページ］、産業振興のために導入されて定着した動物を外来種の第 2 弾［23 ページ］とすると、飼育動物やペットの脱走による外来種は第 3 弾ということになる。
ハリネズミは朝鮮半島まで分布しているが海を隔てた日本には生息していなかった。ペットとして最初に輸入されたアムールハリネズミは大型で、その後アフリカからピグミーハリネズミの愛称で輸入された小型のヨツユビハリネズミに人気が移り、捨てられた個体がいたようである。ペットとしてのブームが去り、捨てられて外来種として定着した動物としてアライグマがある。テレビアニメのラスカル人気でブームになったが、成長とともに飼いきれずに捨てられた。日本人の気持ちとして、飼いきれなくなった動物は殺処分するより野山に放してあげた方が幸せになれるという思いがあるようだ。しかし、放すのは捨てることに等しく、多くのペットは生きることができずに死んでいく。
捨てられたペットの中には日本の気候風土に合わせて生きのび、天敵などの少ない環境で分布を広げ外来種として定着するものもいる。アムールハリネズミは日本と気候や植生の似ているアジア東部の動物だから、捨てられても生きることができた。アライグマは北アメリカの温帯域の動物だから日本でも暮らすことができた。ハリネズミは同じ食性の日本固有種のモグラたちの生存を圧迫するだろう。アライグマは昔からすんでいたタヌキやキツネの生活を圧迫するだけでなく、農作物、養魚場や養鶏場などの被害が増加している。

トガリネズミのなかま

世界一小さな哺乳類はモグラのなかま

哺乳類最小種を含む小型のグループ。オセアニアを除き26属376種が分布し、日本には4属12種が分布する。12種ともネズミと名が付いているが、ネズミではなくモグラのなかまである。食虫類は数グループに分かれ、トガリネズミはモグラと同じグループに分類されるようになった。

トウキョウトガリネズミ
Sorex minutissimus hawkeri

頭胴長:44.5〜48.5mm
後足長:8.2〜8.7mm
尾長:27〜31mm
体重:1.5〜1.8g

ユーラシア大陸北部に広く分布するチビトガリネズミの亜種で、北海道に分布。最も小さい哺乳類の一つで、局地的に分布し、生息数は少ない。ササや樹木のまばらな草原、湿原にすみ、昆虫やクモを食べてはエネルギー節約のため、草陰で休む。

アズミトガリネズミ
Sorex hosonoi

頭胴長:46〜61mm
後足長:10.6〜11.6mm
尾長:47〜52mm
体重:2.6〜5.6g

本州中部の飛騨、木曾、赤石山脈や白山、奥秩父、志賀高原などの標高の高い山地に分布する日本固有種。高山のハイマツ帯やお花畑のある草原から、亜高山の針葉樹林帯にすみ、昆虫やクモなどの無脊椎動物を食べる。北アルプス北部高山域の個体群をシロウマトガリネズミ *S. h. shiroumanus* として亜種に分ける説もある。

ヒメトガリネズミ
Sorex gracillimus

頭胴長:47〜60mm
後足長:10〜12mm
尾長:40〜51mm
体重:1.5〜5.5g

北海道本島、利尻島、礼文島に分布するが、オオアシトガリネズミとエゾトガリネズミより生息数は少ない。個体ごとになわばりをもち、昼夜を問わず地表を歩きまわる。昆虫やクモなどの小型無脊椎動物を食べる。

オオアシトガリネズミ
Sorex unguiculatus

頭胴長:54〜97mm
後足長:12.4〜15.5mm
尾長:40〜53mm
体重:6.0〜19.3g

北海道に分布。国外ではロシア沿海地方、サハリンに分布している。日本にすむトガリネズミの中では最大で、モグラのいない北海道では、本種をモグラと呼んでいる地域もある。いろいろな環境で見られるが、草原や湿原周辺に多く、発達した前肢で腐植層にトンネルを掘って暮らす。昆虫などのほか、地中でミミズなども捕って食べる。

エゾトガリネズミ
Sorex caecutiens saevus

頭胴長:48〜78mm
後足長:12〜13mm
尾長:39〜52mm
体重:3〜11g

ユーラシア大陸北部に広く分布するバイカルトガリネズミの亜種で、北海道に分布。低地から山地の森林や草原にすむ。地表でミミズや昆虫、クモなどを食べる。地中でエサを探すオオアシトガリネズミとは採食場所ですみ分けている。

シントウトガリネズミ
Sorex shinto

頭胴長:52〜76mm
後足長:11.4〜12.5mm
尾長:44〜55mm
体重:3.9〜13.5g

日本固有種で、山地の森林や低木林にすむ。地表を歩きまわり、チョウやガの幼虫、クモ、アリなどを食べる。わき腹にある臭腺から悪臭を出すため、フクロウ類を除き捕食する動物がいない。ホンシュウトガリネズミ、サドトガリネズミ、シコクトガリネズミの3亜種に分けられる。

column

シントウトガリネズミの3亜種

ホンシュウトガリネズミ *S.s.shinto* は本州に生息し、中部地方や紀伊半島では標高の高い山に、東北地方では低山にもすんでいる。シコクトガリネズミ *S.s.shikokensis* は標高800m以上の四国山地に生息する。サドトガリネズミ *S.s.sadonis* は、佐渡島の山中に生息する。写真のサドトガリネズミは腐植土にかけてあったベニヤ板の下で見つかった。

トガリネズミのなかま

ジネズミ（ニホンジネズミ）
Crocidura dsinezumi

頭胴長：61〜84mm
後足長：11.5〜15mm
尾長：39〜60mm
体重：5.0〜12.5g

日本固有種で、本州、四国、九州、見島、隠岐諸島、佐渡、伊豆諸島、種子島、屋久島、福岡県沖ノ島、トカラ列島のほか、北海道東部に国内移入種として分布する。平地、低山地に多く、畑や田んぼの畦、林縁の藪、河川敷、人家の庭にいることもある。落ち葉や腐葉土の少ない地表にすみ、昆虫やクモを食べる。

ワタセジネズミ
Crocidura watasei

頭胴長：55.5〜76mm
後足長：10.7〜12.5mm
尾長：37〜60mm
体重：3.7〜7.3g

日本固有種で、奄美諸島と沖縄諸島に生息する。平地から丘陵地にすみ、サトウキビ畑や林縁の藪でミミズ、昆虫、クモ、ジネズミなどを食べる。1958年に徳之島で採集された個体はハブがのみ込んでいたものである。

オリイジネズミ
Crocidura orii

頭胴長：65〜90mm
後足長：14〜15mm
尾長：41〜51mm

日本固有種で、奄美大島と徳之島のみに分布している。日本のジネズミ類の中では大型の種類で、手足や爪も大きい。タイプ標本は1922年に奄美大島で採集されたもので、1924年に新種とされ、2番目の標本は1960年にヒメハブの胃内から見つかっている。写真は2014年2月に撮影された生きている姿。

チョウセンコジネズミ（アジアコジネズミ）
Crocidura shantungensis shantungensis

頭胴長：55〜72mm
後足長：11〜13mm
尾長：28〜45mm
体重：4.0〜5.5g

北アフリカからユーラシア大陸に分布するコジネズミの東アジアの亜種で、日本では対馬だけに生息する。生息数は少なく、河畔、農耕地周辺の藪、山麓の林縁、低木林の下草や落ち葉の下などにすむ。昆虫、クモ、ミミズなどの無脊椎動物を食べる。

ジャコウネズミ
Suncus murinus

頭胴長：116〜157mm
後足長：18〜22mm
尾長：61〜85mm
体重：45〜78g

長崎県出島、五島列島、鹿児島、南西諸島に分布するが、南西諸島以外は15世紀以前に入った外来種らしい。人家付近や農耕地にすみ、家畜小屋周辺で多くみられる。雑食性で昆虫などのほか、豚の餌や作物の種なども食べる。麝香腺から独特の臭いを出し、ネコは殺しても食べない。

カワネズミ
Chimarrogale platycephala

頭胴長：111〜141mm
後足長：23〜29mm
尾長：87〜117mm
体重：24〜63g

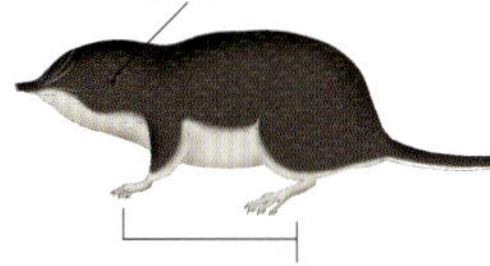

本州、九州に分布する日本固有種で、四国では確認されていない。渓流に生息し、昼夜問わず活動する。手足の指の間にかたい毛が生えていて、泳ぐときに指を広げると水かき状になる。水中で魚、水生昆虫、カエル、サワガニなどを捕って食べる。

column

カワネズミの水かき

カワネズミの手足の指には剛毛が生えていて、泳ぐときに水をかくと広がり、水かきの役目を果たす。

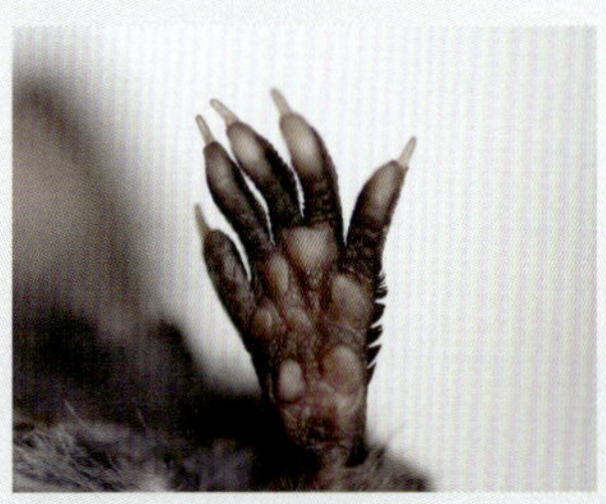

カワネズミの左前足

水中にいる時、体毛の間に気泡がたまり、この空気の層が光を反射して銀色に光る。釣り人に「銀鼠」と呼ばれている

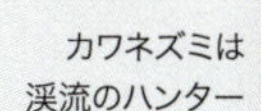

カワネズミは渓流のハンター

くらべてみよう

モグラとネズミの違い

トンネル生活

アズマモグラ

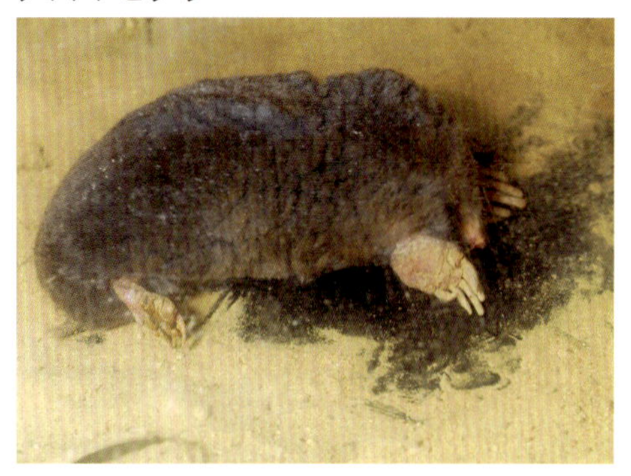

目が小さく、尾は短い

前足　後足

前足も後足も5本指。前足で掘った土を後足でトンネルの外に掻き出す。指は短いが爪は長く頑丈。

地上・樹上生活

ハツカネズミ

目が大きく、尾は長い

前足　後足

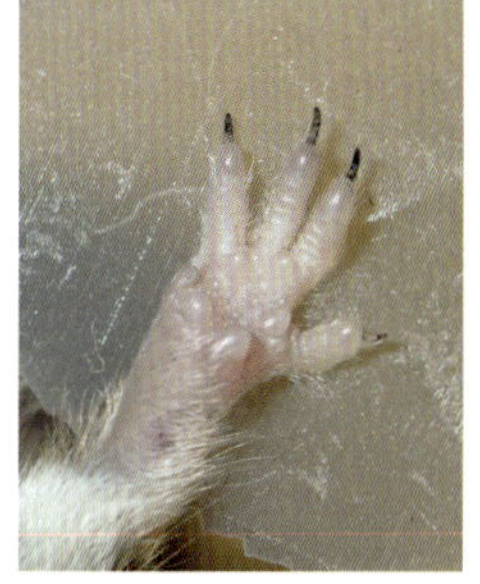

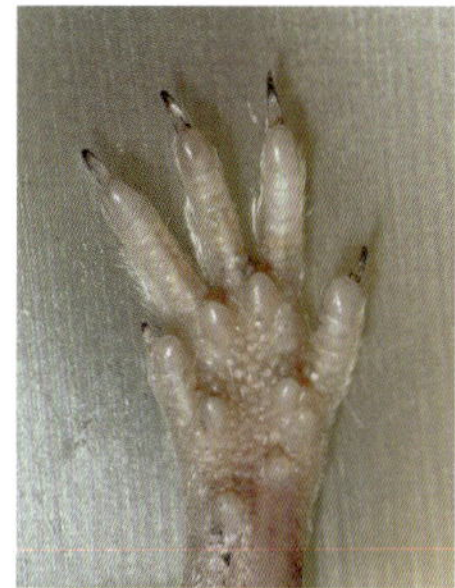

前足は4本指、後ろ足は5本指。指は長く爪は鋭い。

column

スンクスとジャコウネズミ

ジャコウネズミは実験動物化され、実験動物としては学名からスンクスと呼ばれている。
3～6頭の子を生み、子は動けるようになると、母親につかまり一列になって移動するキャラバン行動をする。

モグラのなかま

すべて日本固有種

地下から地表で生活する肉食性の小型哺乳類のグループ。アジア、ヨーロッパ、北アメリカに 17 属 39 種が分布し、日本の 4 属 8 種は、すべて日本固有種である。日本産のなかまは土中のトンネルで暮らすモグラ類と地表の腐植や落ち葉の中で暮らすヒミズ類に分けられる。

ヒメヒミズ
Dymecodon pilirostris

頭胴長:70〜84mm
後足長:12.8〜15.2mm
尾長:32〜44mm
体重:8.0〜14.5g

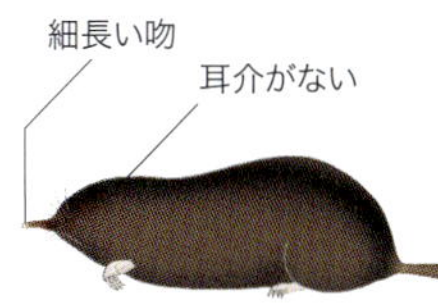

本州、四国、九州に分布する。ヒミズより高い山地から亜高山に生息する。ヒミズより小型で尾が長く、ヒミズにくらべ、土壌のあまり堆積していない森林にすむ。落ち葉の下などで単独で暮らし、低木に登ることもある。昆虫の幼虫やミミズ、クモなどを食べる。

ヒミズ
Urotrichus talpoides

頭胴長:89〜104mm
後足長:13.8〜16mm
尾長:27〜37mm
体重:14.5〜25.5g

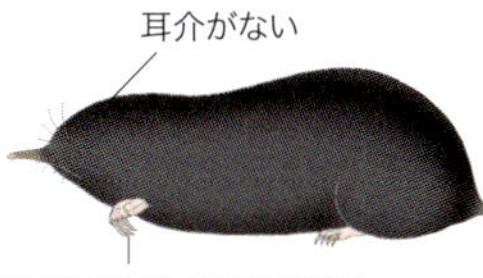

本州、四国、九州、淡路島、小豆島、対馬などに分布し、丘陵から低山の草原、農耕地周辺、雑木林などに多く見られる。他のモグラより小型で黒っぽい。落ち葉や腐植層にトンネルを掘るが、夜間は地表も歩きまわる半地下生活を送る。昆虫、ミミズ、クモなどの無脊椎動物のほか、植物の種子や果実も食べる。

ミズラモグラ
Euroscaptor mizura

頭胴長:77〜107mm
後足長:13.5〜15.4mm
尾長:20〜26mm
体重:26〜35.5g

青森県から広島県まで本州だけに分布し、低山から高山の森林に生息する小型で原始的なモグラ。トンネルを掘って暮らし、昆虫やミミズ、ジムカデ、ヒルなどを食べる。生息数は少ない。

モグラのなかま

アズマモグラ
Mogera imaizumii

頭胴長：115〜135mm
後足長：15〜18mm
尾長：18〜21mm
体重：46〜76g

本州の中部以北と紀伊半島、四国、中国地方の高地に分布し、平地から山地に生息する。水田の周辺や畑、河畔の草地に多く、森林内でも土の豊かなところにはすむ。トンネルを掘り、底に落ちてきたミミズや昆虫の幼虫が主食で、冬眠中のカエルやムカデ、ヒルなども食べる。トンネルから掘り出した土がモグラ塚である。

コウベモグラ
Mogera wogura

頭胴長：130〜160mm
後足長：17〜20mm
尾長：21〜25mm
体重：65〜120g

本州の中部以西、四国、九州に分布し、平地から山地に生息する。水田や畑の周辺に多く、1つのトンネルをなわばりにして単独で生活する。おもにミミズや昆虫を食べる。大型のモグラだが、屋久島と種子島の個体は小型で、アズマモグラの亜種とされたこともある。

サドモグラ
Mogera tokudae

頭胴長：140〜160mm
後足長：21〜22mm
尾長：29〜31mm
体重：70〜90g

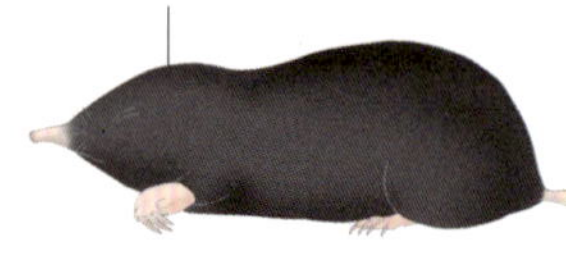

佐渡島のみに分布する。平野の水田地帯に多く、あぜや水路周辺の土壌の深い草地などに生息する。ミミズや昆虫の幼虫、ヒル、ムカデなどの無脊椎動物を食べる。秋には植物の種子や穀類も食べる。

エチゴモグラ
Mogera etigo

頭胴長：140〜170mm
後足長：21〜23mm
尾長：29〜34mm
体重：120〜160g

濃い褐色
日本最大のモグラ

越後平野に分布する日本最大のモグラ。河川敷や果樹園、畑など砂混じりの柔らかい土壌に生息し、長大なトンネルで生活する。サドモグラと同種とされていたが、より古い時代にアズマモグラから分岐したと考えられ、別種とされた。

センカクモグラ
Mogera uchidai

頭胴長：129.9mm
後足長：16mm
尾長：12mm
体重：42.7g

尖閣諸島の魚釣島のみに分布。1979年6月に魚釣島海岸近くの草地で採集された1個体の標本があるのみ。1991年に新種とされた。小型のモグラで吻が短く、歯の数が他のモグラに比べて少なく38本しかない。生態は不明。

八ヶ岳山麓の牧草地のモグラ塚

くらべてみよう

雪の足跡模様 I

ノウサギとキツネの交差点

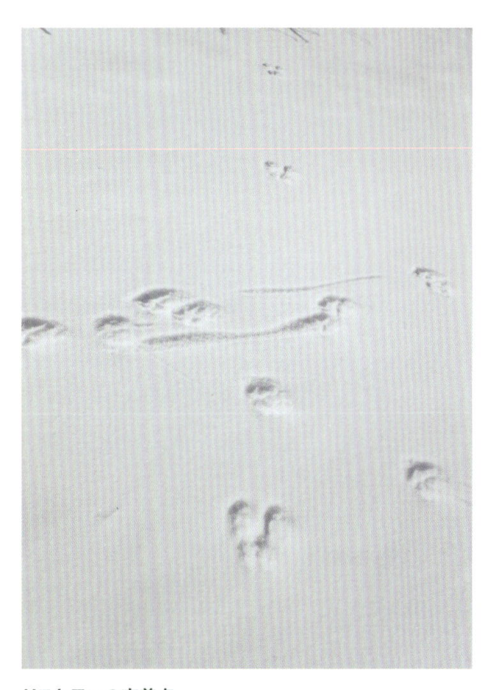

リスとテンの交差点

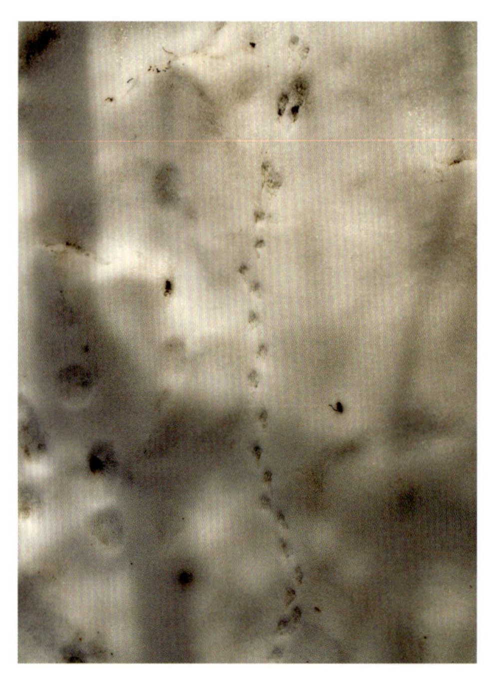

アカネズミも雪の上で食べ物探し

けもの道　シカの足跡

雪が深く、線上に付いたシカの足跡

副蹄の跡も付いているカモシカの足跡

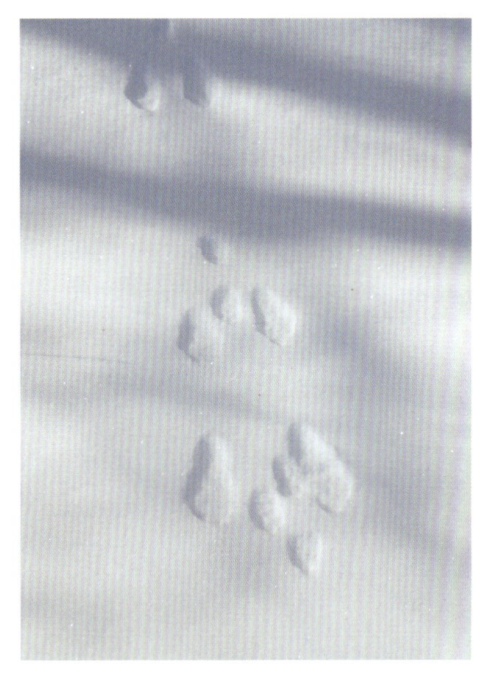

ここで一休みしたノウサギの足跡

オオコウモリのなかま

南の島の巨大なコウモリたち

熱帯から亜熱帯地域に 42 属 186 種が分布する。大型から中型のコウモリで、日本では 1 属 3 種が記録され、そのうち 1 種は絶滅している。昼間は樹間で休んでいるが暗くなると飛び立ち、果実や花の蜜を食べ、柔らかい葉の汁を吸う。種や葉の繊維はペリットにして吐き出す。

オガサワラオオコウモリ
Pteropus pselaphon

前腕長：126〜145mm
頭胴長：193〜250 mm
体重：390〜440g

小笠原諸島に分布する日本固有種。父島や母島では夜行性だが、人のいない南硫黄島では昼間でも活動するのが観察されている。タコノキやシマグワの実、リュウゼツランの花の蜜、ヤシやバナナの葉などいろいろな植物を食べる。

クビワオオコウモリ
Pteropus dasymallus

前腕長：115〜145mm
頭胴長：170〜227 mm
体重：218〜662g

南西諸島に分布するオオコウモリ。樹林に生息する。日中は樹冠部にぶら下がって休息し、夜間に活動する。果実、花の蜜、葉などを食べ、まれに昆虫やトカゲなども食べる。「ギャーギャー」「キーキー」と騒がしい鳴き声をたよりに見つけることができる。5 亜種に分けられ、4 亜種が日本に分布し、1 亜種は台湾に分布する。

オリイオオコウモリ
P.d.inopinatus

沖縄本島とその周辺の小島に分布。

ヤエヤマオオコウモリ
P.d.yayeyamae

八重山諸島のほとんどの島に分布。

ダイトウオオコウモリ
P.d.daitoensis

北大東島と南大東島に分布。

エラブオオコウモリ
P.d.dasymallus

鹿児島県の口永良部島とトカラ列島に分布。

column

コウモリの翼は手

コウモリの翼は前足で、人間なら手に相当し、5 本の指がそろっている。翼は飛ぶだけでなく虫を包み込むようにして捕ることができ、手としての機能も果たしている。
コウモリの計測データには、他の哺乳類では使わない前腕長が記載されている。前腕骨の長さは、コウモリの分類の指標になる大事な計測値である。

オリイオオコウモリ

キクガシラコウモリのなかま

鼻に菊の花をもつコウモリたち

ユーラシア、アフリカに1属77種が知られ、日本には4種が分布している。菊の花のような鼻葉からこの名が付いた。食虫性で小型コウモリの一員とされていたが、DNA解析によりオオコウモリのなかまに近いことが判明している。

キクガシラコウモリ
Rhinolophus ferrumequinum

前腕長:56～65mm
頭胴長:53～82 mm
尾長:28～45mm
体重:17～35g

北海道、本州、四国、九州と佐渡島、対馬、屋久島、伊豆大島などでも見られる。おもに洞窟をねぐらとするが、廃屋なども利用する。1頭から数頭の小さな群れで休息し、出産の時は数百頭の集団になることもある。甲虫やガ、地表や葉の上の昆虫も食べる。冬眠する。

コキクガシラコウモリ
Rhinolophus cornutus

前腕長:36～44mm
頭胴長:35～50 mm
尾長:16～27mm
体重:4.5～9.0g

北海道、本州、四国、九州と伊豆七島などの島嶼でも見られる。北のものほど大型である。夜間に川面や丘陵地の地表すれすれを飛び回り、ガガンボなどの柔らかい昆虫を捕る。オスメスが入り交じり、数十～数百頭の集団で冬眠する。環境省レッドリストでは奄美大島産をオリイコキクガシラコウモリとして亜種に分けている。(下の写真)

オリイコキクガシラコウモリ
Rhinolophus cornutus orii

奄美大島産の亜種

ヤエヤマコキクガシラコウモリ
Rhinolophus perditus

前腕長:40〜44mm
頭胴長:41〜50mm
尾長:17.5〜21.5mm
体重:6.5〜9g

石垣島、西表島、小浜島、竹富島に分布する日本固有種。昼間は数百頭の大集団で鍾乳洞内のねぐらで休息し、夜間は草原や森の下層での採食に飛び立つ。夏季にはメスと子の哺育コロニーを形成する。冬季も採食飛行が見られ、冬眠はしない。西表島産をイリオモテコキクガシラコウモリ *R.p.imaizumii* として亜種とする説もある。

オキナワコキクガシラコウモリ
Rhinolophus pumilus

前腕長:38〜42mm
頭胴長:36〜46mm
尾長:18〜27mm
体重:5〜8g

沖縄島から宮古島だけに分布する日本固有種だが、宮古島産は1971年以降確認されておらず、環境省レッドリストではミヤココキクガシラコウモリ *R.p.miyakonis* として絶滅亜種となっている。単独や少数でいるものから数千頭の集団になることもある。夏季にはメスだけの出産哺育コロニーができる。冬季は冬眠する洞穴としない洞穴がある。

column

コキクガシラコウモリ類の分類

本書ではコキクガシラコウモリ、オキナワコキクガシラコウモリ、ヤエヤマコキクガシラコウモリを独立種として扱った。
しかし、コキクガシラコウモリ類の分類については、生息地により「別種」としたり「亜種」としたり、さまざまな説がある。

奄美大島では金色のオリイコキクガシラコウモリ*R.c.orii*も観察されている

カグラコウモリのなかま

御神楽の顔をしたコウモリ

ユーラシア、アフリカに 9 属 81 種が知られ、日本の先島諸島はこのなかまの北限生息地で、カグラコウモリ 1 種が生息する。食虫性でキクガシラコウモリに似るが鼻葉の形が異なり、御神楽の面に似た特徴のある鼻葉からこの名が付いた。

カグラコウモリ
Hipposideros turpis

前腕長：65～72mm
頭胴長：68～95mm
尾長：40～59mm
体重：25～33.2g

石垣島、西表島、与那国島、波照間島に分布する大型のコウモリ。洞窟をねぐらとし、多い場所では 1000 頭をこえる大群となるが、かたまりにはならず少しずつ離れて止まる。冬眠し、気温が 20 度前後になっても眠り続ける。

column

冬眠するコウモリ

温帯や亜寒帯のコウモリは、餌の虫を捕ることができない冬を冬眠して乗り切っている。洞窟や廃坑、樹洞、廃屋といった場所で、種により大集団、小群、単独で冬眠する。ネズミやモグラの寿命が 1 ～ 3 年なのにコウモリが 10 年以上生きるのは、冬季の代謝を低くおさえていることも一因と言われている。

コキクガシラコウモリ

体を翼で包み、少しすき間のある集団で冬眠

ユビナガコウモリ

ぴったり体をつけて集団で冬眠

くらべてみよう

オオコウモリと中・小型コウモリの違い

オオコウモリ

オリイオオコウモリ

目は大きく口吻が突き出ている
耳介は小さく耳珠はない

尾がない
有視界飛行する。冬眠しない

植物食の糞（実物大）

中・小型コウモリ

キクガシラコウモリ

目は小さく鼻葉がある
耳介は大きく耳珠はない

尾がある
エコロケーション飛行する。冬眠する

昆虫食のキクガシラコウモリの糞
（実物大）

ニホンウサギコウモリ

目が小さく、鼻葉はない
耳介が長く、耳の中に耳珠がある

尾がある
エコロケーション飛行する。冬眠する

昆虫食のニホンウサギコウモリの糞
（実物大）

“ エコロケーション飛行とは “
エコロケーション（反響定位）とは、超音波を出して、
その反響により障害物などを判断して飛ぶこと。

ヒナコウモリのなかま

翼になった前足で巧みな飛行

極地を除く世界中に広く48属407種が分布する。食虫性の小型コウモリの代表的なグループで、日本では10属27種が記録され、1種は絶滅している。単独、小群から大群を作る種もある。日本では洞窟や樹洞で冬眠する。

モモジロコウモリ
Myotis macrodactylus

前腕長:34〜41mm
頭胴長:44〜63mm
尾長:32〜45mm
体重:5.5〜11g

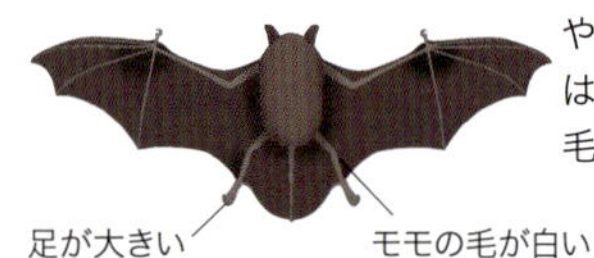

北海道、本州、四国、九州、佐渡、対馬、薩南諸島などに分布。洞窟をねぐらとし、水の流れているところを好む。1年中、オスメス一緒に大群となり活動する。川面や樹冠を不規則に飛びながらガや甲虫、カゲロウなどを捕る。冬は集団で冬眠する。腿の白っぽい毛が和名の由来。

カグヤコウモリ
Myotis frater

前腕長:36〜41.8mm
頭胴長:44〜56mm
尾長:38〜47mm
体重:5.5〜11.0g

ユーラシア東部に分布し、日本では岐阜県以北、北海道に分布する。1年を通じて樹洞をねぐらにする。日没後の明るいうちに飛び出し、山間部の人家周辺や道路上などのひらけた場所で昆虫を捕食する。日本産は最初に発見された場所が竹林だったため「カグヤ」の和名が付き、亜種 *M.f.kaguyae* として分ける説もある。

ノレンコウモリ
Myotis nattereri

前腕長:38〜42mm
頭胴長:43.1〜55mm
尾長:39〜48mm
体重:5.0〜8.0g

黒い褐色
腿間膜の後縁に細毛がある

ユーラシアから北アフリカに分布し、日本では北海道、本州、四国、九州、口永良部島に分布する。洞窟をねぐらにし、昼間は天井のくぼみや隙間で休む。日没後、外に出て森林の低層を飛び、飛翔昆虫やクモなどを捕る。冬は洞窟などで冬眠する。日本産をホンドノレンコウモリ *M.n.bombinus* として亜種とする説もある。

ヒメホオヒゲコウモリ
Myotis ikonnikovi

前腕長:33〜36mm
頭胴長:42〜51mm
尾長:31〜40mm
体重:4.0〜7.0g

北海道、本州に分布。森林性のコウモリで、比較的標高の高い山地のブナ林、ウラジロモミ林、カラマツの植林地などにすむ。樹洞をねぐらにするが、本州では家屋での繁殖例もある。紀伊半島と中国地方の個体群をシナノホオヒゲコウモリ *M.i.hosonoi* として亜種とする説もある。

クロホオヒゲコウモリ
Myotis pruinosus

前腕長:30〜34mm
頭胴長:38〜44mm
尾長:33〜40mm
体重:4.0〜7.0g

刺毛の先が銀色の
光沢を帯びる

本州、四国、九州に分布する採集例の少ない日本固有種。ブナやミズナラなどの夏緑広葉樹林帯の標高の低い地域に生息。昼間のねぐらは樹洞で、夜間に飛び回り飛翔昆虫を捕る。冬眠する。

ヤンバルホオヒゲコウモリ
Myotis yanbarensis

前腕長:35.2〜38.2mm
頭胴長:38〜43mm
尾長:39〜46mm
体重:4.0〜8.0g

沖縄本島、徳之島、奄美大島に分布する日本固有種。1996年10月、沖縄本島北部やんばる地区の照葉樹原生林で発見され、1998年に新種記載された。昼間は樹洞を使い、夜に採食すると思われるが、詳細はまったくわからない。

ウスリホオヒゲコウモリ
Myotis gracilis

前腕長:34〜37mm
頭胴長:38〜50mm
尾長:30〜40mm
体重:4.0〜7.0g

シベリア東部サハリンに分布し、日本では北海道のみに分布する。平地林にすむコウモリで、標高の高い場所にすむヒメホウヒゲコウモリとすみ分けている。本来のねぐらは樹洞であるが、家屋や人工建造物も利用し、繁殖もする。葉や枝に止まっているハエやクモなどを食べる。

ヒナコウモリのなかま

ドーベントンコウモリ
Myotis petax

前腕長：34〜39mm
頭胴長：44〜56mm
尾長：33〜42mm
体重：5.0〜10g

極東アジアに分布し、日本では北海道のみに生息する。森林にすむコウモリで、夏は樹洞や家屋をねぐらにし、川にかかる橋脚の下を出産哺育コロニーとして利用する。冬は洞窟で冬眠するらしい。夜間に水辺や森林でカゲロウなどを捕食する。

クロアカコウモリ
Myotis formosus

前腕長：45〜50mm
頭胴長：45〜70mm
尾長：43〜52mm
体重：13g

インドやネパール、中国、朝鮮半島に分布し、日本では対馬で少数の記録がある。オレンジ色の派手な体毛をもっている。対馬では親子で1例捕獲された以外は1頭で発見されている。そのため、朝鮮半島からの台風などによる迷行ではないかと推測されている。

ヤマコウモリ
Nyctalus aviator

前腕長：57〜66mm
頭胴長：89〜113mm
尾長：51〜67mm
体重：35〜60g

東アジアに分布し、日本では北海道、本州中部以北と一部の島嶼に生息する大型のコウモリ。西日本でも少数の記録がある。翼を広げると40センチ、樹洞をねぐらとし、日没後にねぐらを出て高速で飛びまわり甲虫などを捕食する。一晩に体重の約半分の量の昆虫を捕ると言われている。冬眠するとき、オスとメスが一緒に50頭前後の群れになる。

コヤマコウモリ
Nyctalus furvus

前腕長：48〜53mm
頭胴長：76〜84 mm
尾長：46〜54mm
体重：19〜46g

1968年に新種として記載された日本固有種。最初に見つかった岩手県岩泉町以外には、岩手県と福島県、青森県の各1か所からしか記録がない。最初に発見された岩泉町の山間の学校では、9月に飛来し30頭くらいの群れになり、11月中旬から3月下旬まで煙突のブロックの隙間で冬眠した。5月下旬にはいなくなった。

イエコウモリ（アブラコウモリ）
Pipistrellus abramus

前腕長：30～37mm
頭胴長：41～60mm
尾長：29～45mm
体重：5.0～10g

日本人に最もなじみのあるコウモリで、都会でも夏の夜に飛ぶ姿を見ることができる。数頭～数十頭の集団で、家の屋根裏や橋げたの隙間などをねぐらにし、日没後、飛翔昆虫を捕食する。九州以北では冬眠する。初夏に生まれた子は1カ月ほどで親と同じ大きさになり、繁殖し、翌年には出産する。

モリアブラコウモリ
Pipistrellus endoi

前腕長：32～34mm
頭胴長：43～53 mm
尾長：34～40mm
体重：5.0～9.0g

1956年に岩手県の原生林で発見された日本固有種で、本州と四国に分布する。山間部の森林にすみ、大木の樹洞をねぐらにし、群れで過ごす。夜、谷川沿いの森で飛翔昆虫を捕食する。イエコウモリと異なり、人家近くには生息しない。イエコウモリに似ているが、体色は濃く、より攻撃的と言われる。

クロオオアブラコウモリ
Hypsugo alaschanicus

前腕長：34～38mm
頭胴長：42～59mm
尾長：30～43mm
体重：6.3～9.4g

北海道大学構内、青森県、対馬で10個体が見つかっているだけのコウモリ。アジア大陸からの迷行と考えられ、北海道と青森県のものはクロオオアブラコウモリ *H.a.veiox*、対馬のものはコウライオオアブラコウモリ *H.a.coreensis* とする説もある。

シナアブラコウモリ
Hypsugo pulveratus

前腕長：33～36mm
頭胴長：38～50mm
尾長：32～38mm
体重：4.3～7.25g

2017年に奄美大島で2個体が見つかり、クロオオアブラコウモリに似たコウモリとして話題になった。その後も捕獲され2021年に少し小型のオオアブラコウモリ属のシナアブラコウモリと判明した。本来の分布は中国東南部からインドシナ半島北部である。大陸からの迷行か、奄美大島に少数が生息して発見が遅れたのかは謎である。

ヒナコウモリのなかま

クビワコウモリ
Eptesicus japonensis

前腕長：38～43mm
頭胴長：55～65 mm
尾長：35～43mm
体重：8.0～13g

上毛の先が薄い褐色～白色。金属光沢をもつものもいる

日本固有種。1951年に北アルプスで発見され、その後、富士山と秩父山系から少数が、1989年には乗鞍高原で繁殖集団が見つかった。大木の樹洞をねぐらにすると考えられるが、乗鞍高原では家屋の壁板の下や天井裏で繁殖し、100頭をこえる群れを作っていた。

キタクビワコウモリ(ヒメホリカワコウモリ)
Eptesicus nilssonii

前腕長：38～43mm
尾長：55～65mm
尾長：35～43mm
体重：8～13g

褐色あるいは薄い褐色系の色

ユーラシア北部に分布し、日本では北海道に分布する。樹洞をねぐらにし、大木が切られた地域では家屋の壁板の間や天井裏でも繁殖する。日没後にねぐらを出て、飛翔昆虫を捕食する。北海道を含む極東産を亜種*E.n.parvus*とする説もある。

ヒナコウモリ
Vespertilio sinensis

前腕長：47～54mm
頭胴長：68～80mm
尾長：35～50mm
体重：14～30g

霜降り状に見える毛

東アジアに分布し、日本では北海道、本州、四国、九州に分布する。原生林では大木の樹洞をねぐらにし、冬眠場所としても利用する。家屋や海食洞なども繁殖場所として利用するが、冬にはいなくなるらしい。飛翔昆虫を捕食する。100頭をこえる集団で初夏に出産する。

ヒメヒナコウモリ
Vespertilio murinus

前腕長：40～50mm
頭胴長：48～64mm
尾長：37～44mm
体重：10～24g

ユーラシア大陸の温帯域に広く分布し、日本には迷行と考えられ、北海道と青森県で4例の記録がある。

ニホンウサギコウモリ
Plecotus sacrimontis

前腕長:40〜45mm
頭胴長:42〜60mm
尾長:42〜55mm
体重:5.0〜13g

北海道、本州、四国に分布する日本固有種。ウサギのような大きな長い耳をもち、眠るときは耳をたたむ。大木の多い地域では、小さな群れで樹洞をねぐらとして使うが、山小屋や洞窟も利用する。翼は幅広くホバリングしながら森林で飛翔昆虫を捕食する。

チチブコウモリ
Barbastella lencomelas

前腕長:39〜44mm
頭胴長:49〜63mm
尾長:43〜54mm
体重:8.0〜12g

北海道、本州、四国に分布。北海道では採集記録は少ない。1883年に秩父山地ではじめて採集されたことが和名の由来。左右の耳の根元が頭の上でくっついているコウモリで、岩手県ではブナやナラなどの広葉樹林で見つかっている。アジア大陸の個体群と分けて、亜種 *B.l.darjelingensis* とする説や、独立種とする説とがある。

ユビナガコウモリ
Miniopterus fuliginosus

前腕長:45〜51mm
頭胴長:59〜69mm
尾長:51〜57mm
体重:10〜17g

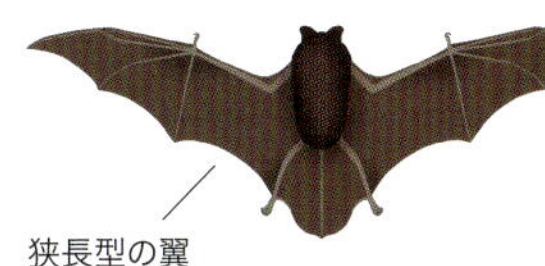

アジア大陸に分布し、日本では本州、四国、九州、対馬、佐渡、屋久島などに分布する。数百〜数千頭の群れで、洞窟や廃坑などをねぐらにする。日没後から日の出前まで、森林の樹冠部や河川、草原の上空などを飛び回り、ガやトビケラ、甲虫などを捕食する。大群になって冬眠する。

リュウキュウユビナガコウモリ（コユビナガコウモリ）
Miniopterus fuscus

前腕長:43〜46.5mm
頭胴長:50〜60mm
尾長:45〜55mm
体重:8.0〜11g

奄美大島以南の南西諸島に分布する日本固有種。昼間のねぐらは洞窟で、数百頭以上の大きな群れになる。農耕地や森林上空などを飛び、昆虫を捕食する。冬にも捕食行動が見られる。

ヒナコウモリのなかま

テングコウモリ
Murina hilgendorfi

前腕長:41〜46mm
頭胴長:57.9〜73 mm
尾長:36〜47m
体重:9〜15g

北海道、本州、四国、九州に分布する日本固有種だが、アジア大陸の *M.lencogaster* の亜種とする説もある。鼻孔がチューブ状で先端が2つに分かれ、外側向きに出ているところから「テング」の和名が付いた。大木の多い地域では樹洞をねぐらとするが、洞窟内でも見られる。夜間に森林の下層空間で昆虫を捕食する。冬眠する。

コテングコウモリ
Murina ussuriensis

前腕長:28.4〜33mm
頭胴長:38〜54mm
尾長:26〜33mm
体重:3.5〜6.5g

極東アジアに分布し、日本では北海道、本州、四国、九州、屋久島、対馬、壱岐に分布する。木の茂みや樹皮の隙間、落ち葉の下などいろいろな場所で見つかるが、本来のねぐらは樹洞と考えられる。飛翔昆虫を捕食するが、葉などにとまっている昆虫を捕ることもある。小さな雪穴の中で冬眠するのが観察されている。

リュウキュウテングコウモリ
Murina ryukyuana

前腕長:32.3〜37mm
頭胴長:44〜47mm
尾長:34〜45mm
体重:5〜10g

沖縄本島、徳之島、奄美大島に分布する日本固有種。1996年に沖縄本島やんばる地域の照葉樹林で発見され、1998年に新種として記載された。昼間は樹洞などで過ごし、夜は飛翔昆虫を捕食していると考えられているが、詳細はわかっていない。冬季にも目撃されていることから冬眠はしないらしい。

クチバテングコウモリ
Murina tenebrosa

前腕長:34.4mm
頭胴長:50.5mm
尾長:34.5mm
体重:データなし

1962年に対馬の廃坑で発見され、1970年に新種として記載された。この個体はしばらく飼育されたが、詳細はわかっていない。体色の「朽ちた枯葉色」が和名の由来。

モモジロコウモリの集団

column

バットウォッチング

　都会でも夕暮れとともにねぐらから出て、餌の昆虫を求めて飛びまわるイエコウモリを観察できる。池や川など水辺の周辺はコウモリの観察ポイントである。街灯に集まる虫を捕りに来るコウモリも観察しやすい。使われなくなったトンネルや暗渠水路の入り口などで夕方に待っていると、飛び出てくるコウモリを観察できるだろう。

　人の耳に聴こえないコウモリの出す超音波を、人の耳に聴こえる周波数に変える機器がバットディデクターだ。飛びながら虫を探すイエコウモリの超音波は、バットディデクターで「ピチピチ」と聴こえ、虫を捕られると「ピイイ」という連続音になる。コウモリの種類により周波数や声のパターンが違うので、くらべてみよう。

コウモリの超音波を探知するバッドディテクターと呼ばれる機器。
さまざまなタイプがある

オヒキコウモリのなかま

ネズミのような尾をもつコウモリ

世界中の温帯から熱帯に16属100種が広く分布している。日本では1属2種が記録されている。食虫性で、よく目立つ長い尾をもっていることからこの名が付いた。

オヒキコウモリ
Tadarida insignis

前腕長：57〜65mm
頭胴長：84〜94mm
尾長：46〜56mm
体重：15〜20g

北海道、本州、四国、九州に分布。限られた場所でしか記録はない。日本で最も大型の食虫性コウモリで、腿間膜から長く突き出た尾をもつ。人にも聞こえる声で「チッチッチ」と鳴く。1996年に宮崎県の枇榔島で、1999年に広島市内で集団ねぐらが発見された。

スミイロオヒキコウモリ
Tadarida latouchei

前腕長：53.0〜55.7mm
頭胴長：67.3〜81.5mm
尾長：41.2〜45mm

1985年に奄美大島、1998年に口永良部島で拾得され、与論島でも捕獲された。オヒキコウモリよりは小型のコウモリである。詳細はわかっていない。

くらべてみよう　コウモリの尾

オヒキコウモリの尾は尾膜から突き出ていて、ほかのコウモリのように尾膜の中に収まっていない。

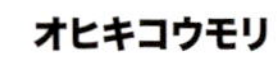

オヒキコウモリ

ノレンコウモリ

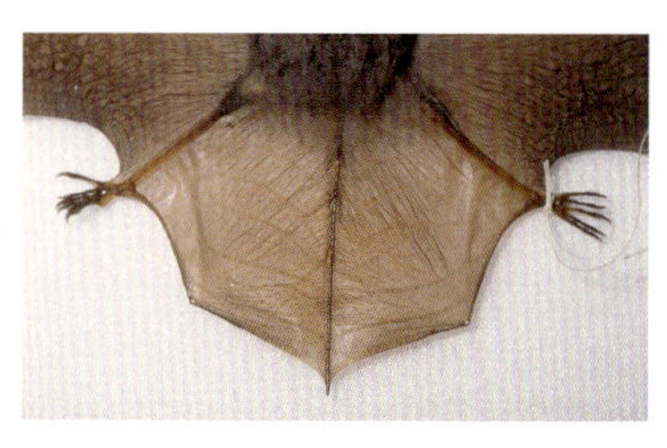

くらべてみよう

コウモリの顔

ニホンウサギコウモリ

モモジロコウモリ

イエコウモリ

テングコウモリ

コテングコウモリ

モリアブラコウモリ

カグヤコウモリ

キクガシラコウモリ

ヤマコウモリ

コキクガシラコウモリ

ヒナコウモリ

クロホオヒゲコウモリ

ヤエヤマコキクガシラコウモリ

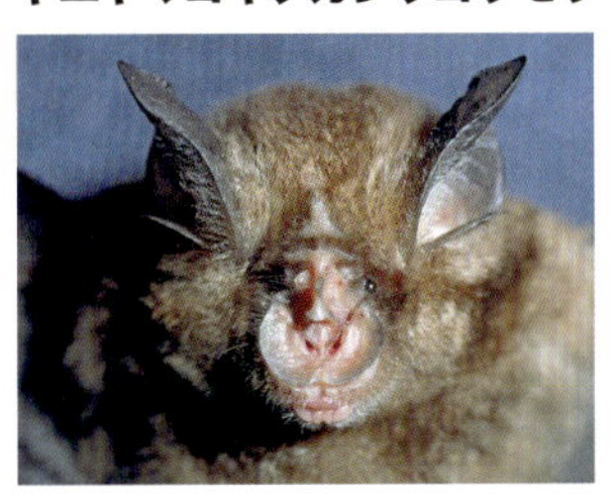

ユビナガコウモリ

ダイトウオオコウモリ

ネコのなかま

離島に生き残った野生ネコ

野生種はオーストラリアと極地を除く世界中に、大型から小型の 14 属 37 種が分布する。日本には小型のヤマネコが対馬と西表島に分布している。また、イエネコが野外に定着し、希少動物や海鳥繁殖地での脅威になっている。

ヤマネコ(ベンガルヤマネコ)

Prionailurus bengalensis

頭胴長:42〜60cm
尾長:18〜32cm
体重:3〜5kg

東アジアから東南アジア、南アジアに広く分布し、日本には対馬のツシマヤマネコと西表島のイリオモテヤマネコの 2 亜種が分布する。夜行性で単独で暮らし、メスは定住性が強く、オスは放浪する個体もいる。

ツシマヤマネコ *P.b.euptilurus*

対馬では山麓から海岸にかけての農耕地周辺の林や草原に生息し、野ネズミ類や鳥、昆虫も捕食する。

イリオモテヤマネコ *P.b.iriomotensis*

西表島では川沿いの低地林、マングローブ林に生息。トカゲやカエル、クイナなどの鳥、昆虫を捕食する。

イエネコ(家ネコ・野良ネコ)

Felis catus

頭胴長:40〜50cm
尾長:0〜35cm
体重:2〜8kg

家畜のイエネコが野生化した野良ネコで、日本各地に生息し、温暖な地方や都市近郊に多い。小笠原諸島や南西諸島などの島では希少な小型動物や海鳥のヒナを捕食し問題になっている。

くらべてみよう

ヤマネコとイエネコの違い

ヤマネコ

ヤマネコの毛色は、夏毛と冬毛の濃淡の違いはあるが、基本の色模様はみな同じである。

イエネコ

イエネコの毛色は白、黒、虎や三毛といった斑模様などさまざま。中にはヤマネコに似た毛色のイエネコもいるが、耳の裏側を観察すればヤマネコでないことがわかる。

夜、田んぼでネズミを狙うツシマヤマネコ

ヤマネコの耳の裏側には必ず黒、白、黒の斑がある。

イエネコには耳の裏には斑はない。

ジャコウネコなかま

果樹園荒らしの臭いやつ

アジア、アフリカ、ヨーロッパの熱帯・亜熱帯地域に 14 属 34 種が分布する。日本には分布していなかったが、ハクビシン 1 種が外来種として定着し、分布を広げつつある。

ハクビシン
Paguma larvata

頭胴長：47～54cm
尾長：37～43cm
体重：3.5～4.2kg

本州から九州まで分布。平地から山地の森林に生息し、人家周辺の雑木林や庭先にも出没する。木登りが得意で、鳥類や卵、昆虫や果実などなんでも食べる。額から鼻にかけての白線が和名の由来。移入経路が不明であったが、現在は DNA 解析により、台湾に分布するものが日本に定着したと考えられている。

マングースなかま

ハブの天敵のはずが

アジア、アフリカの熱帯・亜熱帯地域に 15 属 34 種が分布する。日本には分布していなかったが、フイリマングースが外来種として奄美大島、沖縄島などの南西諸島に定着している。

フイリマングース
Herpestes auropunctatus

頭胴長：30～40cm
尾長：25～35cm
体重：400～1000g

南アジア原産。1910 年にハブ駆除を目的に沖縄本島、1979 年頃、奄美大島でも人為的に導入され野生化した。固有種の多い地域に定着しているため、捕食者として沖縄ではヤンバルクイナ、奄美ではアマミノクロウサギに対する脅威となっている。ジャワマングース *H.javanicus* と呼ばれていたが、インドなどに分布するものをフイリマングースとして 2 種に分けられた。

アライグマのなかま

ラスカルは小さな暴れん坊

本来の分布は南北アメリカ大陸で、6 種 12 種が知られる。ユーラシアには分布していなかったが、アライグマは日本だけでなくヨーロッパにも外来種として生息するようになった。

アライグマ
Procyon lotor

頭胴長：42〜60cm
尾長：20〜41cm
体重：6〜10kg

北アメリカ原産で、日本にはペットとして輸入された。1962 年に愛知県で野生化が確認された。その後各地に広がり、1979 年には北海道でも確認された。成長とともに攻撃的になり、ペットとして手に負えなくなり放されたらしい。雑食でトウモロコシやスイカなどの農作物、養魚、養鶏など一次産業への被害が拡大している。

column

在来種の生息域に現れた外来種

在来種であるアナグマとタヌキ、外来種であるハクビシンとアライグマが同じ空間を使い分けている様子が分かる自動カメラの写真。

11月28日夕方
アライグマ

11月30日早朝
アナグマ

12月11日夜
ハクビシン

12月16日朝
タヌキ

イヌのなかま

身近な昔話の2大主人公

野生種は南極を除く世界中に、13属35種が分布している。中型から小型の食肉類で、肉食中心のものから雑食のものまでいる。日本には3種が分布していたが、オオカミは絶滅し、現在は2種が広く分布する。ペット由来の野生化したイヌも各地で見られる。

タヌキ
Nyctereutes procyonides

頭胴長：50〜68cm
尾長：13〜19cm
体重：3〜9kg

東アジアが本来の分布で、外来種としてヨーロッパにも生息している。日本には2亜種が分布し、北海道のエゾタヌキと本州、四国、九州、佐渡島、瀬戸内諸島などのホンドタヌキがいる。雑食性で果実、ドングリ、昆虫などを食べ、鳥やヘビ、カエルなども捕食する。穴を掘らずにアナグマの古巣、樹木の根元の洞、建物の床下などを巣として使う。写真は夏毛。

キツネ
Vulpes vulpes

頭胴長：40〜76cm
尾長：25〜44cm
体重：3〜7kg

ユーラシアと北アメリカに広く分布し、アカギツネとも呼ばれる。日本には北海道のキタキツネと、本州、四国、九州、淡路島にいるホンドキツネの2亜種が分布する。里山から高山までの森林に生息し、林縁部の草原や農耕地にも出てくる。おもに小動物を捕食し、秋には果実類も食べる。入口が複数ある巣穴を掘り、春に出産、夏まで子育てをする。写真は冬毛。

column

アルビノと白変個体

白色の動物には2つのタイプがある。アルビノ個体はメラニン色素を欠き、目の虹彩は青白く、網膜の血管の色を反映して赤く見える。白変個体の体色は白いが、メラニン色素をもつので、虹彩は黒や茶色など通常の色で、赤くは見えない。

アルビノのホンドタヌキ

部分の白化のホンドタヌキ

くらべてみよう

ホンドタヌキとエゾタヌキの違い

ホンドタヌキ *N.p.viverrinus*

冬毛

本州以南、九州まで広く分布。山地の森林から雑木林や農地など人里、市街地でも見られ、東京都心の明治神宮の森にもすみついている。夏毛の時期は小さくやせて見えるが、冬毛になると立派に見える。

エゾタヌキ *N.p.albus*

冬毛

森林や原野にすむ。林縁や農地にも出てくるが、ホンドタヌキのように市街地には進出していない。ホンドタヌキより少し大型で、特に冬毛は長く密に伸びるので、冬季はより大きく見える。

ホンドキツネとキタキツネの違い

ホンドキツネ *V.v.japonica*

夏毛

キタキツネより小型で、やや毛色が濃く、四肢の黒斑はない。山地の森林に生息し、林縁部の農地などでネズミや鳥などを捕るが、キタキツネより警戒心が強くあまり人目に付かない。秋にはコクワやアケビなどの果実も食べる。

キタキツネ *V.v.schrencki*

夏毛

ホンドキツネより大型で、耳の裏と四肢の黒斑がくっきりと目立つ。海岸沿いから高山帯までの原野、農地、牧草地、森林などにすむが人家近くでも見られ、昼間でも人目に付く。ゴミ捨て場の残飯や捨てられたウシの胎盤を食べているものもいる。

黒いキツネ

北海道では黒いキツネが目撃され、捕獲されたこともある。毛皮生産のギンギツネの養殖が盛んだった時代があり、逃げた個体がいる可能性は高い。黒いキツネはギンギツネとキタキツネと交雑によって誕生したと考えられている。

黒いキツネ

クマのなかま

日本最大の陸上動物

南極とアフリカの大部分、アンデス以外の南アメリカを除き、世界各地に5属8種が分布している。大型の食肉類だが、みな雑食性で、植物食中心ものもいる。日本にはヒグマとツキノワグマの2種が分布し、ホッキョクグマの漂流例がある。

ニホンツキノワグマ

Ursus thibetanus japonicus

頭胴長:120〜163cm
尾長:約8cm
体重:55〜180kg

アジアに広く分布するツキノワグマの亜種で、日本では本州、四国のブナ林を中心に生息する。植物質中心の雑食性で、木の葉や実、果実、タケノコやドングリ、アリやハチなどの昆虫も食べる。ブナやスギなどの大木の樹洞や岩穴、土穴で冬眠し、メスは2〜3年間隔で出産する。

エゾヒグマ

Ursus arctos yesoensis

頭胴長:155〜230cm
尾長:6.5〜8cm
体重:150〜360kg

北アメリカからユーラシア大陸まで広く分布するヒグマの亜種で北海道に分布する。日本最大の陸上哺乳類。知床半島では海岸に現れサケを捕り、大雪山系では高山帯に出没する。12月中旬から4月末頃まで冬眠し、メスは冬眠中に子を生む。雑食性で植物の茎や根、芽、実、アリやハチなどの昆虫、シカの死体なども食べる。

column

月の輪

ツキノワグマはヒマラヤグマとかアジアクロクマという種名でも呼ばれるが、日本人には月の輪熊の名が一番なじむ。ツキノワグマはどんなに小さくとも必ず胸に白斑をもっている。ヨーロッパや北アメリカのヒグマは月の輪のないものが多いが、北海道のエゾヒグマには月の輪のある個体がよく見られる。

月の輪の見られるエゾヒグマ

くらべてみよう

ツキノワグマとヒグマの違い

ツキノワグマ

小型で体色は黒い

ヒグマ

大型で体色はこげ茶色

両種ともに雑食性だが、ツキノワグマは一年を通じて植物食中心で、ヒグマは秋のサケ遡上時や放置されたエゾシカのある猟期などに動物食中心になる。

冬眠と子育て

ツキノワグマもヒグマも冬季は冬眠する。メスは冬眠中に出産し、春先に母と子が冬眠穴から出てくる。

ツキノワグマの子

ヒグマの冬眠穴

ヒグマの子

イタチのなかま

樹上に地中に、野山の忍者たち

南極を除く世界中に中型から小型の22属57種が分布しているが、オセアニアでは外来種である。日本には5属10種が低地から高山までに生息していたが、このうちカワウソは絶滅し、アメリカミンクは新しく入ってきた外来種である。

テン(ニホンテン)
Martes melampus

頭胴長:41〜49cm
尾長:17〜23cm
体重:1.1〜1.5kg

日本と朝鮮半島に分布する。山地の森林に生息し、里山の人家周辺にも出没する。単独で生活し、夜行性だが、昼に姿を見かけることもある。北方系は冬毛からキテン、南方系はスステンと呼ばれている。北海道南部や佐渡にも国内移入種として定着している。左の写真のホンドテン *M.m.melampus* とツシマテンの2亜種に分けられる。

ツシマテン *M.m.tsuensis*

クロテン
Martes zibellina

頭胴長:35〜56cm
尾長:11〜19cm
体重:0.7〜1.8kg

アジア北部に分布し、日本では北海道に生息する。山地の森林に暮らし、樹上でも地上でも活動する。野ネズミやユキウサギ、ヘビ、カエルなどを捕食、樹上ではエゾリスや鳥の卵も捕る。秋には木の実や果実も食べる。樹洞や山小屋の天井裏に巣を作る。

ニホンイタチ
Mustela itatsi

頭胴長：19〜37 cm
尾長：7〜16cm
体重：145〜500g

額中央から鼻すじにかけて
濃い褐色の斑紋

本州、四国、九州と周辺島嶼などに分布する日本固有種で、北海道では国内移入種。平地から山地の川や田んぼなどの水辺周辺に生息し、ネズミやカエル、小鳥類を捕食する。水に入り、ドジョウやザリガニも捕る。敵に襲われたり驚いたときに、肛門脇にある臭腺から臭い液体を出す。

チョウセンイタチ（シベリアイタチ）
Mustela sibirica

頭胴長：25〜38cm
尾長：13〜19cm
体重：360〜820g

自然分布は対馬のみで、九州、四国と本州の一部の地域には移入種として分布を広げた。低地に多く、ニホンイタチとすみ分けている。ニホンイタチより大型で毛色が明るく、ネズミや鳥類、ザリガニやサワガニ、魚などを捕る。ニホンイタチより雑食性が強く、柿の実やイチゴ、トウモロコシなどの農作物も食べる。

アメリカミンク
Neovison vison

頭胴長：36〜45cm
尾長：30〜36cm
体重：700〜1000g

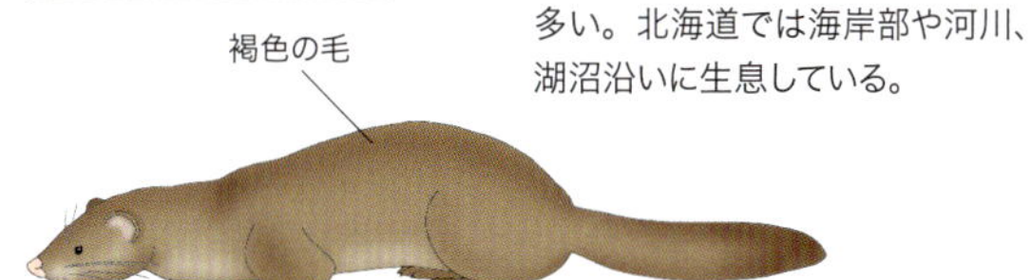

北アメリカ原産で、日本には毛皮用に輸入され、1960年代に北海道で野生化が確認された。野生化個体は褐色の毛色のものが多い。北海道では海岸部や河川、湖沼沿いに生息している。

オコジョ
Mustela erminea

頭胴長：16〜24cm
尾長：5〜8cm
体重：100〜200g

北半球に広く分布し、日本では本州と北海道に生息する。本州では標高の高い山地の森林から高山帯のがれ場、北海道では山地から亜高山帯に生息する。岩の隙間やネズミのトンネルなどに入り込み、ネズミを捕食したり、自分より大きなライチョウやナキウサギを狙うこともある。他のイタチ類にくらべ肉食性が強い。エゾオコジョ *M.e.orientalis* とホンドオコジョ *M.e.nippon* の2亜種に分けられる。

イタチのなかま

イイズナ
Mustela nivalis

頭胴長：14〜17cm
尾長：3cm
体重：38〜65g

北海道と本州北部に分布。日本で最も小さな食肉目の動物で、北海道にすむものをキタイイズナ *M.n.nivalis*、東北にすむものをニホンイイズナ *M.n.namiyei* と分けることもある。平地から山地に生息し、人家付近にも出没する。ネズミの巣穴に入り込み捕食したり、鳥類や昆虫なども食べる。攻撃的で自分より大きな獲物も襲う。

ニホンアナグマ
Meles anakuma

頭胴長：44〜68cm
尾長：12〜18cm
体重：4〜12kg

本州、四国、九州、小豆島に分布する日本固有種。丘陵地から山地の竹藪や林に生息し、長いトンネルを掘って暮らす。夜行性で、夜になると活動する。ミミズや昆虫、カエルやカタツムリなどを捕食したり、落下した果実やドングリなどを食べる。秋に皮下脂肪を蓄え、11月頃巣穴で冬ごもりに入る。

column

同じ穴のムジナ

アナグマをムジナと呼ぶ地方や、タヌキをムジナと呼ぶ地方がある。タヌキは穴を掘らず、よくアナグマの穴を利用する。アナグマを燻し出そうと出入口で焚火をして煙を送りこんだところ別の出入口からタヌキが跳び出すこともあった。外見の似た両種が同じ穴にいることもあり、同じ穴のムジナという言葉が生まれたのである。竹藪によくトンネルを掘るので笹熊とも呼ばれる。トンネルは出入口を何ヵ所か設け、7月頃トンネルの巣穴で育った子が親と一緒に出てくるようになる。タヌキとアナグマはよく似ているが外来種として加わったアナグマとハクビシンもどこか似たところがある。よく観察すると違いがわかる。

タヌキ

アナグマ

アライグマ

ハクビシン

ホンドオコジョのペア

くらべてみよう

雪の足跡模様II

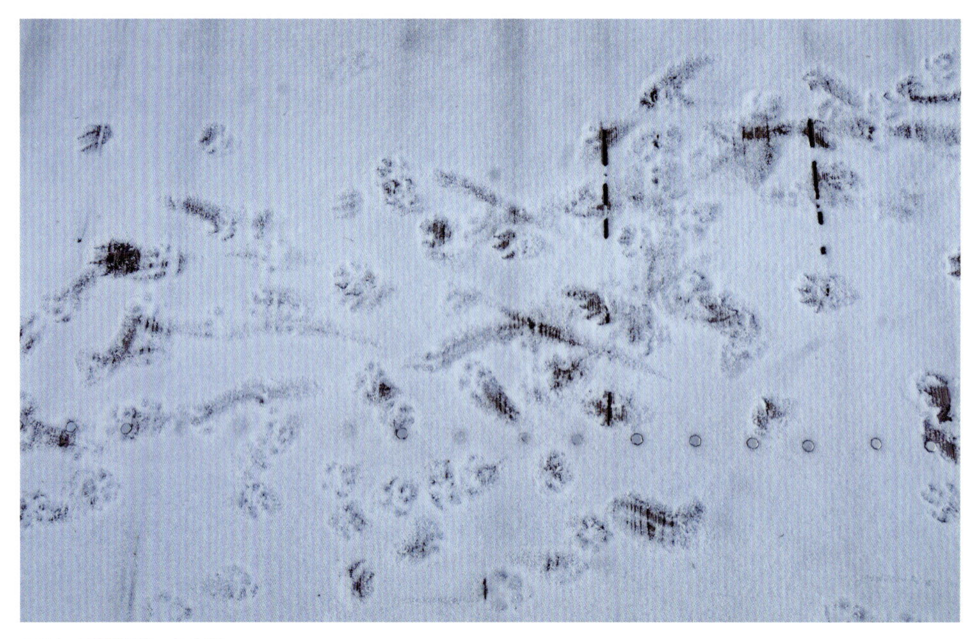

タヌキの親子がじゃれた跡

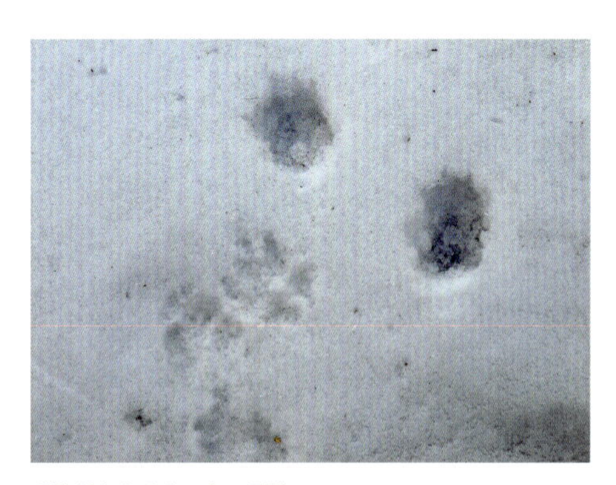

爪跡がわかるキツネの足跡

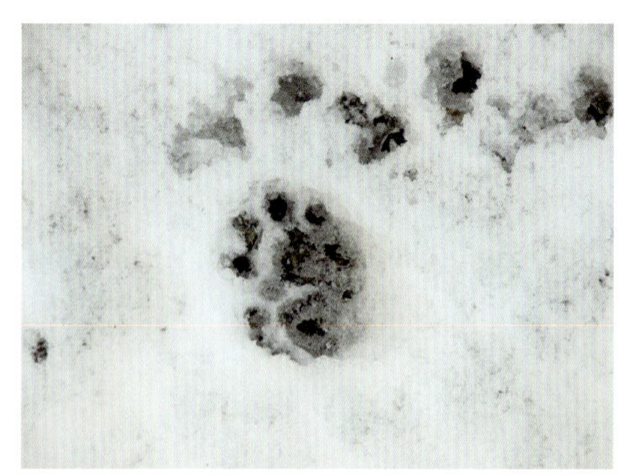

爪跡がつかないネコの足跡

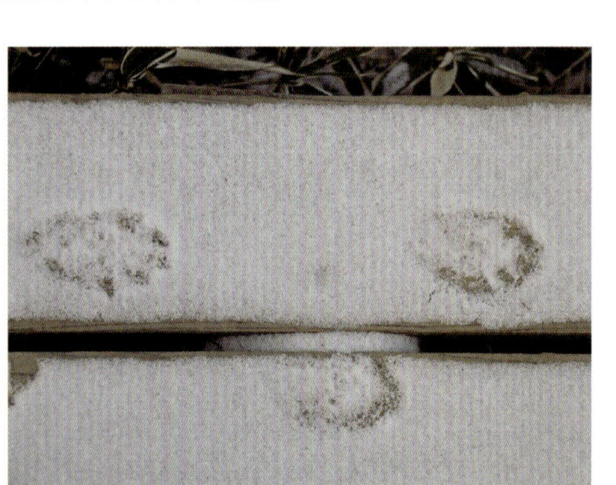

後足の方が長い楕円になるテンの足跡

泥の上のイタチの足跡

タヌキの足跡はふらふらしている

キツネの足跡は一直線

途中で雪の中に消えたイタチの足跡

テンの足跡は前足より後足の方が大きい

イノシシのなかま

猪突猛進、里山のブルドーザー

野生種は本来ユーラシア、アフリカに 5 属 19 種が分布し、野生化したブタが南北アメリカやオーストラリアなど世界各地に分布している。日本には本州以南にイノシシ 1 種が分布し、南西諸島のものは小型で亜種として分けられている。

イノシシ
Sus scrofa

頭胴長：70～160cm
尾長：14～23cm
体重：30～150kg

北アフリカからユーラシアに分布し、日本では北海道を除く各地に分布する。里山の雑木林など山地に生息し、積雪の多い地方には少ない。夜間は林に近い農地にも出没する。完全な夜行性ではないが、昼間は枯れ草を敷いた巣に潜り寝ている。雑食性で、鼻づらで地面を掘り返し、植物の根や草、ミミズなどを食べる。ニホンイノシシ *S.s.leucomystax* とリュウキュウイノシシの 2 亜種に分けられる。

くらべてみよう

イノシシ

オスとメス

イノシシのメスはオスにくらべて小型で、成獣なら見た目にわかるほど体格差がある。
成獣のオスは犬歯の発達した牙が目立つ。

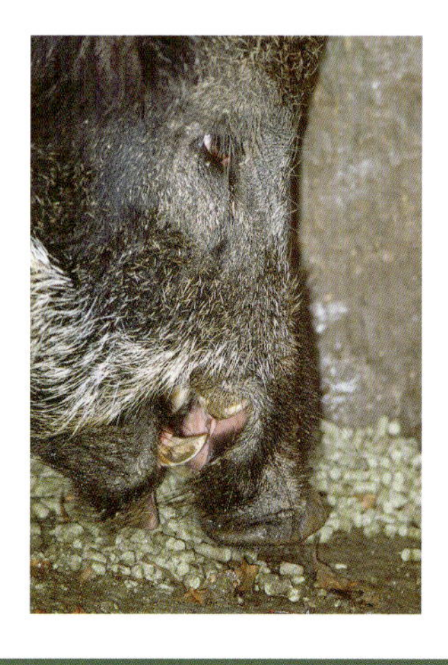

冬毛と夏毛

冬のイノシシは全身剛毛に覆われるが、梅雨時から夏にかけて毛が抜け、皮膚が露わになり一見ブタのようにも見える。夏の終わりの頃から新しい毛が生え、上の写真のような短い夏毛の状態になる。

左がオス、右はメス

column

リュウキュウイノシシ原始ブタ説

リュウキュウイノシシの中には写真の右の個体のように吻が短いものもいる。リュウキュウイノシシは、縄文時代に縄文人とともに渡来した改良の進んでいない原始的なブタが、放し飼いから野生化したものと考える説もある。

リュウキュウイノシシ *S.s.riukiuanus*

リュウキュウイノシシはニホンイノシシより小型で、頭胴長は80~120cm、体重はオスでも50kgほどにしかならず、耳が小さい。
奄美大島、徳之島、沖縄島、石垣島、西表島の森林に生息している。

うり坊

イノシシの子はからだに縞模様があり、うり坊と呼ばれている。森の木漏れ日の下でじっとしていると、縞模様のカモフラージュ効果で、見つけにくい。
イノシシは 4 ～ 8 頭の子を産み、5 対の乳頭で育てる。イノシシを改良して作られた家畜ブタは乳頭が 7 対に増え、10 頭以上の子を産んでも育てることができる。

イノブタ問題

イノシシとブタはもともと同種の動物だから、交配可能で簡単にイノブタを作ることができる。イノブタは珍しい食肉生産のために誕生したが、白斑のあるものなどだけでなくイノシシそっくりなものもいる。狩猟目的に放たれたり、原発事故の後、脱走したブタとイノシシの交雑が起きたりしているといったうわさもあり、新たな外来種問題として心配される。

シカのなかま

毎年生え変わる角はオスのシンボル

南極、アフリカの大部分を除く世界中に 19 属 51 種が分布し、オセアニアにも外来種として分布している。トナカイ以外はオスだけに角があり、毎年生え換わる。日本には在来のニホンジカが分布し、外来種のキョンが増えつつある。

ニホンジカ
Cervus nippon

頭胴長：90〜180cm
尾長：8〜13cm
体重：20〜140kg

東アジアからベトナムに分布し、日本では代表的な大型哺乳類で、全国各地に分布している。北のものほど大型で、北海道から慶良間諸島まで分布する。オスは毎年生え換わる角を持ち、成獣で 3 〜 4 本、まれに 5 本に枝分かれする。北海道のエゾシカ、本州以南のホンシュウジカ、キュウシュウジカの 3 亜種に分けられる。

キョン
Muntiacus reevesi

頭胴長47〜70cm
尾長：8〜10cm
体重：12〜14kg

中国南東部と台湾に分布し、日本では戦前に大島で、1980 年頃には房総半島で飼育施設から逃げ出したものが野生化した。森林や藪に生息し、早朝や夕方に活動して木の葉や果実を採食する。

column

九州の島々のシカ

南西諸島、対馬には小型のシカが生息している。屋久島のヤクシカ、馬毛島のマゲジカ、慶良間諸島のケラマジカ、対馬のツシマジカという和名だけでなく、それぞれに学名も付けられている。これらのシカは数百年前に九州の諸大名が鹿皮生産のため島に持ち込んだ古い時代の国内移入種である。九州から島への移動という人為が加わったという点で家畜の品種に相当するかもしれない。しかし、移入後に人が品種改良したわけでなく、島の自然環境に適応して小型化したという点では数百年で成立した亜種と言えのかもしれない。
島々のシカたちは種や亜種、品種の成立を考える手掛かりになる貴重な存在である。

くらべてみよう

ニホンジカの見分け方

エゾシカ *C.n.yesoensis*

日本では最大のシカで、北海道に分布する。明治時代、乱獲され絶滅寸前まで追い込まれたが、天敵であるオオカミの絶滅や、保護策が実り生息数が回復した。

エゾシカ冬毛のオス

エゾシカ夏毛のオス

ホンシュウジカ *C.n.centralis*

3 亜種の中では中間の大きさで、近畿地方より東に分布する。以前は本州全体が分布域とされていたが、中国地方のシカは小型で、DNA 解析によりキュウシュウジカとされるようになった。

ホンシュウジカ冬毛のメス

ホンシュウジカ夏毛のメス

キュウシュウジカ *C.n.nippon*

最も小型のニホンジカで九州、四国、中国地方に分布する。屋久島、馬毛島、慶良間諸島、対馬に分布する小型のシカも含まれる。

ヤクシカ冬毛のオス

ツシマジカ夏毛のメス

くらべてみよう

ニホンカモシカとニホンジカの違い

ニホンカモシカ

ニホンジカ

角

オスにもメスにも角があり、角は枝分かれしないが、角輪がある。

オスだけに角があり、枝分かれする角は、毎年生え変わる。成長中の角は袋角と呼ばれる。

毛

カモシカの毛はシカの毛にくらべ弾力があり、ふわふわしている。毛色は単一である。

シカの毛はカモシカより断面が扁平で、折れやすい。毛は先端からこげ茶色・白・茶色の三層。写真はシカの毛を巣材に使うシジュウカラ。

生活

排泄

ニホンカモシカ

カモシカは単独か母親と子の 2 頭でいる。

カモシカはしゃがんで決まった場所にため糞をする。

ニホンジカ

シカは群れで生活する。

シカは立ったまま、どこにでもパラパラ糞を落とす。

カモシカのなかま

カモシカはシカではなくウシの親戚

ウシ科の野生種は南極を除く世界中に 50 属 143 種が分布するが、日本に分布する野生のウシのなかまはニホンカモシカ 1 種だけである。ほかに野生化したヤギとウシが離島に生息している。

ニホンカモシカ
Capricornis crispus

頭胴長：105〜120cm
肩高：70〜75cm
尾長：6〜7cm
体重：30〜45kg

日本固有種で低山帯から亜高山帯にかけて生息する。なわばりを持ち、眼下腺から出る粘液を木の幹や枝にこすりつけたり、蹄間腺でも岩や地面にマーキングをする。木の葉、草、ササなどを食べ、冬は樹皮も食べる。成獣は単独で暮らすが、子は 1 年、母親と生活する。

ヤギ
Capra hircus

体重：25〜45kg

小笠原諸島、伊豆諸島、南西諸島で家畜由来のヤギが野生化した。島によっては駆除されたところもあるが、放し飼いのものの野生化が懸念される島もある。群れで生活し、植生に壊滅的な影響を与え、土砂の流失などの問題を起こしている。

ウシ
Bos taurus

体重：♂470kg♀226kg
（口之島牛のデータ）

鹿児島県トカラ列島口之島で、大正時代に放牧地から逃げ出したウシが野生化している。時々、間引きなども行われているので、半野生と言うのが相応しい。80 頭ほどが生息している。日本在来牛の特徴をもち、口之島牛と呼ばれている。もう一つの在来牛である見島牛のいる山口県見島は、産地として天然記念物に指定されている。

くらべてみよう

地域のカモシカ

東北など北のカモシカは大型で白っぽい毛色のものも見られる。カモシカの毛色は茶褐色から灰褐色が標準的で、各地で見られる。四国のカモシカは小型で毛色の濃いものが多い。カモシカは親子でも毛色が異なり、子は生まれた時の毛色のまま成長する。

岩手県産の白っぽい夏毛の個体

長野県産の茶色っぽい冬毛の個体

四国産の黒っぽい個体

九州産の灰褐色の個体

毛色の異なる母親と子

マーキング

カモシカは眼下腺から出る粘液を木にこすりつけてなわばりを主張する。

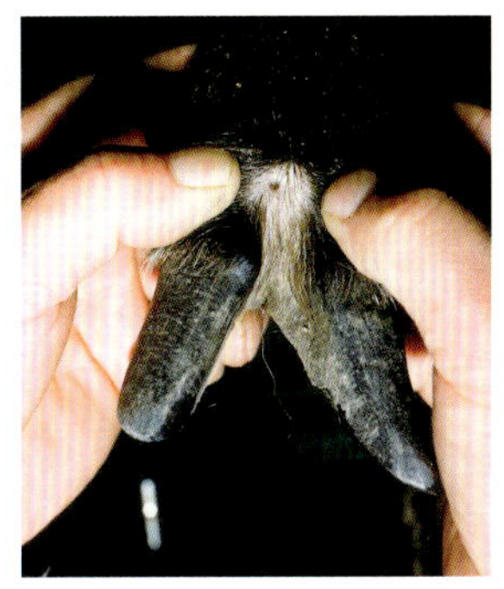

主蹄の間にある蹄間腺でも地面や岩に臭いを残している。

主蹄を広げ、副蹄をストッパーにして急斜面を歩く。

ホンドザル

図鑑編

海の哺乳類

ジュゴン

人魚のモデルになった

ジュゴン科は 1 属 1 種、インド洋から太平洋南西部の温暖な沿岸地域に分布している。ジュゴン科には 8m にもなるステラーカイギュウが北太平洋にいたが、18 世紀に絶滅した。日本では南西諸島に少数が生息し、分布の北限になっている。植物食でマナティ科とともにゾウに近い海牛類を構成している。

ジュゴン
Dugong dugon

体長：2.5m前後（最大3.3m）
体重：250～400kg

日本では奄美諸島から先島諸島に生息していたが、近年の確認海域は沖縄島東岸と西表島周辺のみである。日中は海底で休み、夕方頃、浅い砂地に生えるアマモなどの海草を食べる。1 対の乳頭が胸びれの付け根にあり、昔から人魚のモデルとされてきた。前足はひれ状だが 5 本の骨があり、後足は退化している。尾びれは鯨類に似る。

くらべてみよう

ジュゴンとイルカの違い

ジュゴン

ジュゴンは草食動物

ジュゴンの鼻の穴は上あごの上に 2 つある

イルカ

イルカは肉食動物

イルカの鼻の穴は頭の上に 1 つある

ラッコ

海のカワウソ

ラッコは海にすむカワウソで、イタチ科の哺乳類である。世界に 12 種のカワウソが知られ、そのうちラッコと南アメリカ太平洋岸のミナミウミカワウソの 2 種が海で生活している。ラッコは毛皮を目的に乱獲され日本からいなくなったが、近年少数が北海道東部沿岸に姿を見せている。

ラッコ

Enhydra lutris

頭胴長:80〜120cm
尾長:25〜37cm
体重:15〜45kg

北海道東部沿岸に生息していたが乱獲の影響で激減した。アラスカやロシアでの保護活動が実り、最近は知床半島や根室半島周辺で見られるようになった。コンブの豊富な沿岸で、1 頭〜数頭で暮らす。巧みに潜水し、貝やエビ、カニ、魚などを捕って食べる。腹を上にし、海に浮かびながら食べる。

column

ラッコの防寒対策

冷たい海水が体を冷やさないように、ラッコの足の裏はすき間のない肉球で、わずかな皮膚も毛で覆われている。前足は全体が固い肉球なので、ラッコは餌をつかめず、カニや貝を両手で挟むようにして持って食べる。後足は水かきのある指で餌をつかむ。

ラッコの前足の肉球

ラッコの後足の肉球

アザラシのなかま

潜りのプロは流線型

13 属 19 種が南北半球の寒流海域と一部が温暖な海域に分布する。日本では 4 属 5 種が記録され、ゼニガタアザラシが北海道で繁殖し、他の 4 種は冬季に北の海域から南下してくる。ほかにキタゾウアザラシの漂流記録が 3 例ある。

アゴヒゲアザラシ
Erignathus barbatus

体長：200～260cm
体重：250～400kg

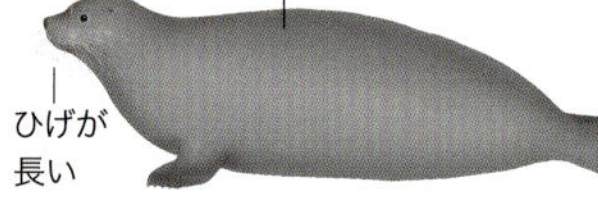

北極海を中心に分布し、日本にはオホーツク海沿岸に、流氷とともにまれに現れる。日本産アザラシの中では最大。全身灰褐色で柄はないか、あっても目立たない。カレイやヒラメ、エビ、カニ、二枚貝などを食べる。メスは氷上で出産する。本州、四国、九州などで迷行例があり、話題になった。

ゼニガタアザラシ
Phoca vitulina stejnegeri

体長：160～190cm
体重：140～170kg

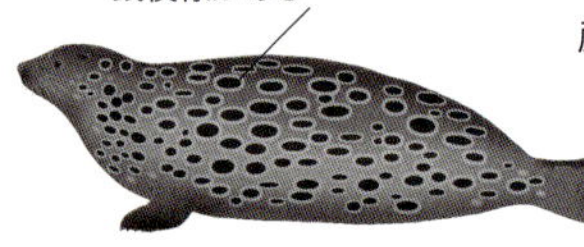

北半球北部沿岸に広く分布し、日本には西太平洋亜種が北海道東部の太平洋岸に生息する。岩礁のある沿岸にすみ、ミズダコやタラ、メバルなどの底生魚を食べる。メスは 5 月に岩礁などの陸上で出産する。生まれた子は黒っぽい毛色で 5 週間ほど母親と過ごす。

ゴマフアザラシ
Phoca largha

体長：140～170cm
体重：75～125kg

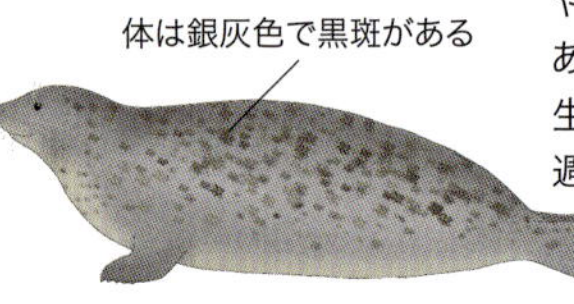

北太平洋に分布し、冬季に北海道周辺に南下し、流氷上などで見られる。道東では少数が 1 年中見られる。ミズダコやカレイ、ギンポなどの底生魚を食べる。サケやスケトウダラなどを食べることもある。メスは流氷の上で出産する。生まれた子は真っ白な体毛。3 ～ 4 週間で離乳し、白い毛は抜け落ちる。

ワモンアザラシ
Pusa hispida ochotensis

体長：120〜150cm
体重：60〜70kg

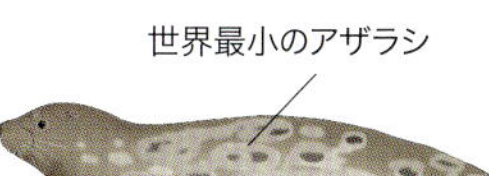

北極海を中心に分布し、日本にはオホーツク海亜種が北海道周辺海域で、流氷とともに少数が南下する。世界最小のアザラシで、輪紋や斑点、銭型など模様はさまざま。浮遊性の小型の甲殻類や魚類を食べる。北海道でも流氷の上で出産することがある。

クラカケアザラシ
Histriophoca fasciata

体長：160〜180cm
体重：70〜95kg

北太平洋に分布し、流氷とともに北海道まで南下する。オホーツク海側に多く、スケトウダラやイカなどを食べながら沖合の流氷の上で休む姿が見られる。オスには「白いリボン状」の模様があり、年齢とともに体色が濃くなる。メスは氷上で出産する。生まれた子は真っ白な体毛。

くらべてみよう

アザラシの模様の違い

模様のないアゴヒゲアザラシ以外の 4 種は、模様が和名の由来になっている

ゼニガタアザラシ

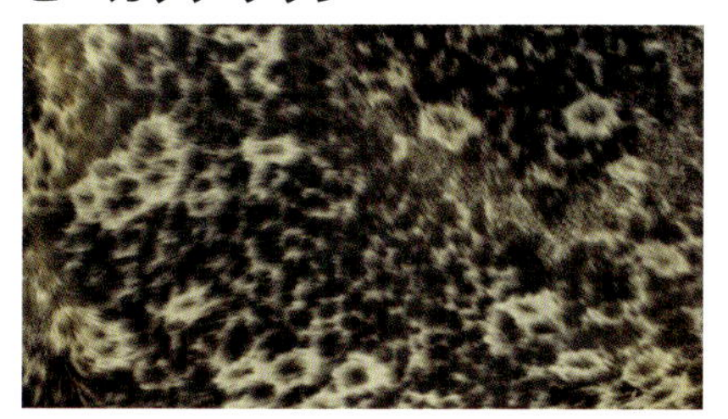

ゴマフアザラシ

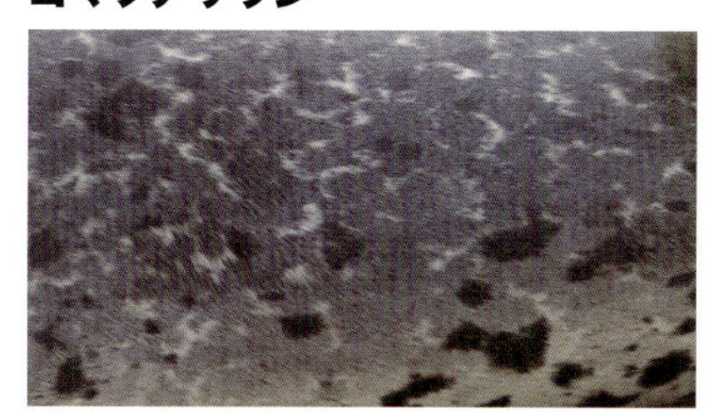

ワモンアザラシ

クラカケアザラシ

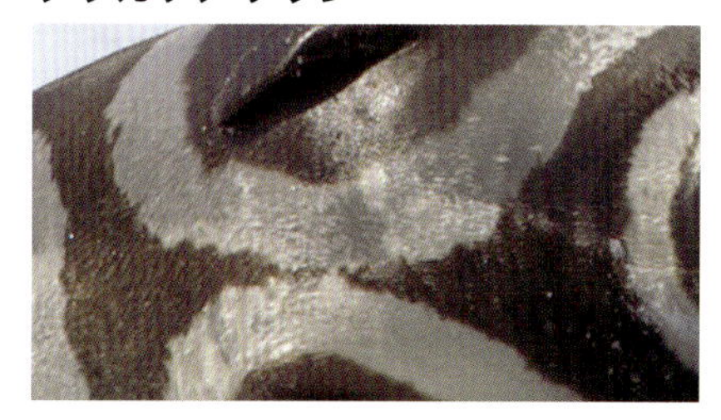

オスのクラカケアザラシ

アシカのなかま

海のライオンは 1 種絶滅、2 種健在

世界の寒流海域に 7 属 16 種が分布し、日本には 3 属 3 種が生息していた。トドとオットセイは冬季に日本北部海域に南下し、繁殖していたニホンアシカは絶滅している。前後肢はひれ状で、巧みに泳ぎ、魚類など海棲動物を食べる。

オットセイ（キタオットセイ）

Callorhinus ursinus

体長：♂約2m
　　　♀約1.3m
体重：♂175～275kg
　　　♀30～50kg

北太平洋に分布し、日本近海には冬から春に現れ、銚子沖まで回遊する。イカやサケ、ニシン、イワシなどさまざまな魚類を食べる。オスはメスより著しく大きい。

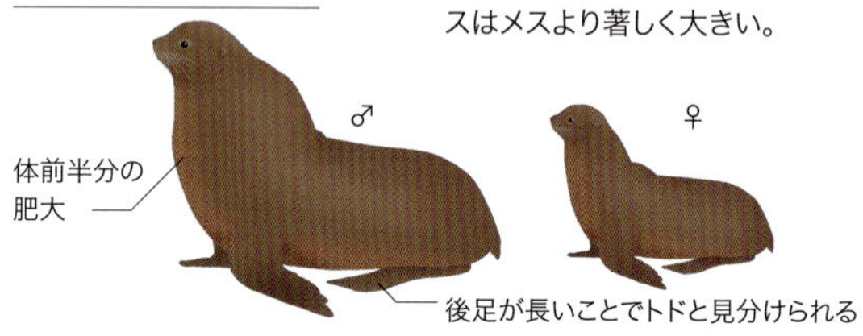

トド

Eumetopias jubatus

体長：♂3～3.5m
　　　♀2.3～3m
体重：♂900～1120kg
　　　♀270～590kg

アシカのなかまで最大
♂
体前半分の肥大
♀

北太平洋に分布し、日本では北海道沿岸で 10 月～ 5 月に見られる。沿岸近くを回遊、昼間は岩礁に上陸して休憩する。アシカ科の動物では最大種。スケトウダラなどの魚類やミズダコなどを食べる。漁網を破ることもある。

くらべてみよう

アシカとアザラシの違い

アシカのなかま

4本の足で立ち、移動する

トド

ひれ状の前足で水をかいて泳ぐ

カリフォルニアアシカ

ひれ状の長い後足で体を掻いて毛づくろい

オットセイ

耳には耳介がある

オットセイ

アザラシのなかま

体を前後にくねらせ、はって移動する

ゴマフアザラシ

ひれ状の後足をふって泳ぐ

クラカケアザラシ

短い前足で掻いて毛づくろい

ゴマフアザラシ

耳は穴が開いているだけで耳介はない

アゴヒゲアザラシ

ナガスクジラのなかま

カツオクジラ

史上最大の動物たち

現生の哺乳類最大種を含むひげクジラで、2 属 9 種が世界の海洋に生息している。日本近海では 2 属 8 種が確認されている。19 〜 20 世紀の捕鯨により、ミンククジラ以外は生息数が著しく減少した。

シロナガスクジラ

Balaenoptera musculus musculus

体長：21〜28m
体重：95〜120t

地球上の動物の中で最も大きく、最大の記録は 33m、170t と言われている。3 亜種が知られ、赤道海域を除く世界中の海を回遊する。日本近海では北半球亜種が、太平洋側を通過する。群れを作らず、単独あるいは母子の 2 頭で行動する。オキアミを 1 日に体重の 4 〜 5%食べると言われている。

全身に白いかすり模様
くじらひげ

イワシクジラ

Balaenoptera borealis borealis

体長：12〜18m
体重：18〜30t

世界中の温帯海域に生息し、季節により南北に回遊する。日本では北半球亜種が夏に三陸海岸から北海道の太平洋海域で見られる。3 〜 5 頭の群れで行動し、ネオカラヌスという動物プランクトンを主に食べるほか、イワシなど群集性の魚も食べる。

体の割に大きな背びれ

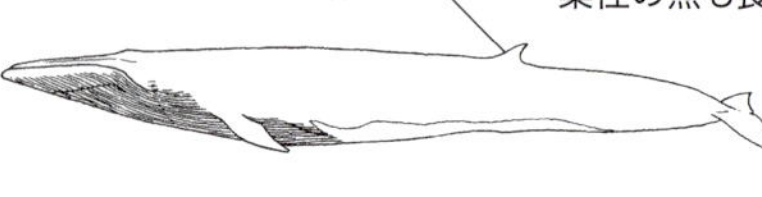

ニタリクジラ

Balaenoptera brydei

体長：10.5〜14.5m
体重：12〜17t

熱帯から温帯海域に生息する。2 系統があり、4 〜 10 月にかけて高知県大方町沿岸でよく見られるのは小型のタイプで、土佐の漁師が昔から呼んでいた**カツオクジラ** *B.edeni* は別種と判明した（上の写真）。1 〜 2 頭で行動し、魚や小甲殻類などを捕食し、エサに合わせて小回遊をするらしい。

上あごの上面に3本の稜線

ツノシマクジラ
Balaenoptera omurai

体長:10～12m
体重:約10t

1998年に山口県角島沖で漁船にぶつかり死亡した個体が新種として2003年に記載され、ツノシマクジラの和名が付けられた。幻のクジラとされていたが、マダガスカル沖のインド洋で群れが目撃されている。写真は2003年10月に静岡県で混獲されたオスの個体。

ミンククジラ(コイワシクジラ)
Balaenoptera acutorostrata

体長:6.5～8.8m
体重:5～10t

両半球全海域に生息する、最も小さなひげクジラ。2亜種のうち北半球太平洋亜種が日本海側では1年中、三陸では春から初夏にかけて、北海道沖やオホーツク海では夏に現れる。1頭で行動するが、数頭の群れになることもある。南極海ではオキアミを食べるが、三陸や北海道ではマイワシを食べる。

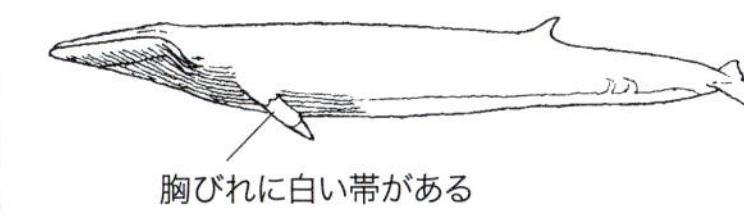

ナガスクジラ
Balaenoptera physalus physalus

体長:18～24m
体重:40～90t

南北半球に分かれて2亜種が分布する。北半球亜種は冬に暖かい海で繁殖する。夏はオホーツク海などに回遊し、外洋性だが日本の沿岸に近づくこともある。1～数頭で群れを作るが、餌場では数十頭が集まることもある。オキアミやカイアシ類のほか、ニシンやシシャモ、イカなども食べる。

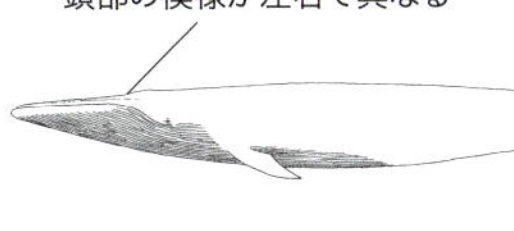

ザトウクジラ
Megaptera novaeangliae

体長:14～17m
体重:25～34t

南北両半球の各地で低緯度の繁殖海域と高緯度の餌場海域を回遊している。小笠原諸島と沖縄の慶良間列島では冬季に陸上からも観察できる。2～9頭の群れで行動する。オキアミやニシン、イカナゴなど群集性の魚を食べる。

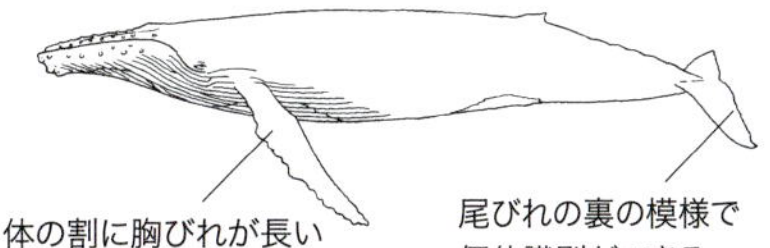

セミクジラのなかま

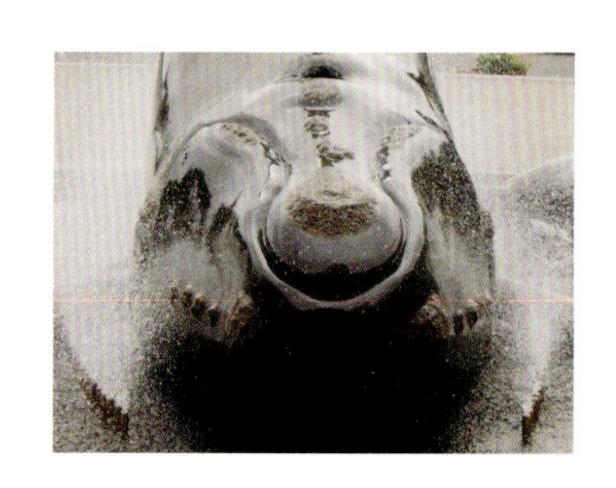

巨大な頭と湾曲した大きな口のクジラ

大きな太い胴体のひげクジラで、世界の高緯度の冷たい海に 2 属 4 種が分布する。日本近海ではセミクジラとホッキョククジラの 2 種が記録され、ともに絶滅危惧種である。

セミクジラ

Eubalaena japonica

体長：11〜18m
体重：30〜80t

北太平洋に分布し、南北の回遊を行う。日本近海では夏にオホーツク海や三陸沖で見られることがある。ずんぐりした大きなクジラで、2〜3 頭で行動し、餌場では数十頭集まる。ネオカラヌスという動物プランクトンを大量に食べる。

コククジラ

体中にフジツボがすんでいるクジラ

北太平洋だけに 1 属 1 種が分布し、沿岸を南北に 2 万 km もの回遊をしている。カリフォルニア半島沖で繁殖しベーリング海に回遊する東系統と、海南島沖で繁殖し日本近海を通過してオホーツク海に回遊する西系統が知られている。

コククジラ

Eschrichtius robustus

体長：13〜14m
体重：15〜35t

北太平洋にだけ生息し、日本近海では春と秋の回遊時に太平洋沿岸を通過する。体中にフジツボやエボシガイを付け、ボツボツに見える。小田原海岸に座礁した記録や東京湾に迷い込んだ例がある。海底でヨコエビやゴカイなどを砂泥ごと吸い込み、濾しとって食べる。

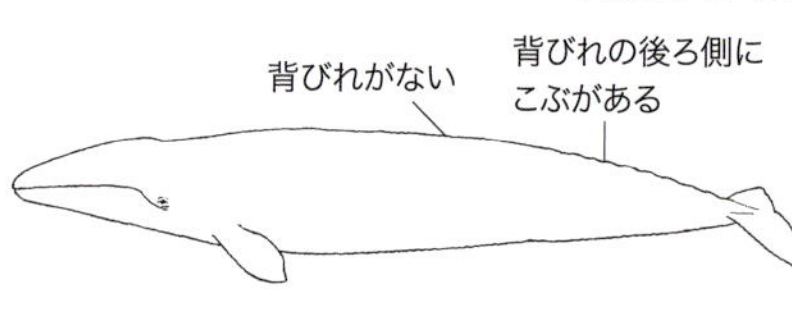

くらべてみよう

ひげクジラと歯クジラの違い

ひげクジラ

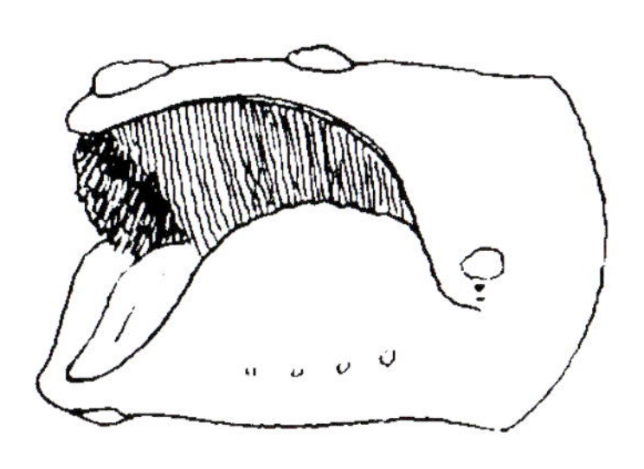

最大の特徴は、上あごから生えている「クジラひげ」と呼ばれるひげ板で、これを使って海水から餌を漉しとる。（絵はセミクジラ）

プランクトンや小魚を食べる。

噴気孔が2つ（写真はザトウクジラ）
8～30m。ほとんどが10m以上

歯クジラ

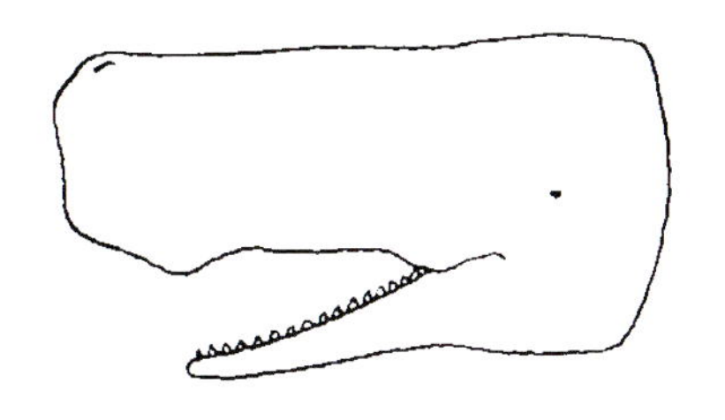

種によって本数や形は異なるが歯をもっている。（絵はマッコウクジラ）

ひげクジラが食べるものより大きな魚やイカを食べる。（写真はシワハイルカ）

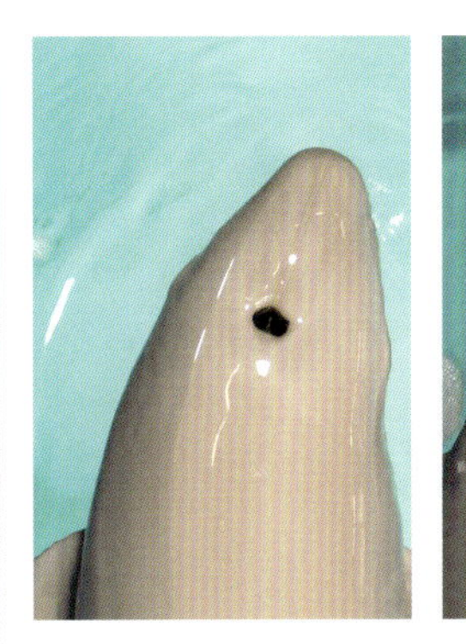

噴気孔が1つ（写真はスナメリ）
1.2～18m。ほとんどが10m以下

くらべてみよう
ひげクジラの大きさをくらべてみよう
ミンククジラ
ニタリクジラ
ナガスクジラ
コククジラ
0
5
10

シロナガスクジラ
イワシクジラ
ザトウクジラ
セミクジラ
15
20
25
30 m

マイルカのなかま

日本近海で最も種類の多い小・中型クジラ類

世界中の海洋に 17 属 36 種が分布し、日本近海には 13 属 17 種が生息している。長いくちばしをもつものやもたないもの、10m 近い記録のある最大のシャチから 1.2m の小型種までさまざまな体形・大きさの種類が含まれる。

シャチ(サカマタ)

Orcinus orca

体長:5.5〜9.8m
体重:2.6〜6.6t

世界中の海に広く分布する。日本近海では 8 〜 11 月に北海道東岸やオホーツク海南部、2 〜 3 月には紀伊半島沖で見られる。魚食性のタイプと海棲哺乳類を食べるタイプがある。矛を逆さにしたような形から「サカマタ」とも呼ばれる。

白いパッチがある

オキゴンドウ

Pseudorca crassidens

体長:4.3〜6.1m
体重:1.1〜2.2t

熱帯から温帯海域に分布し、日本近海では沖縄、九州北部、和歌山の沖合などで見られる。イカのほか、シイラ、ブリ、マグロなどの大型魚も捕食する。10 〜 15 頭、多い時には数百頭の群れで行動する。

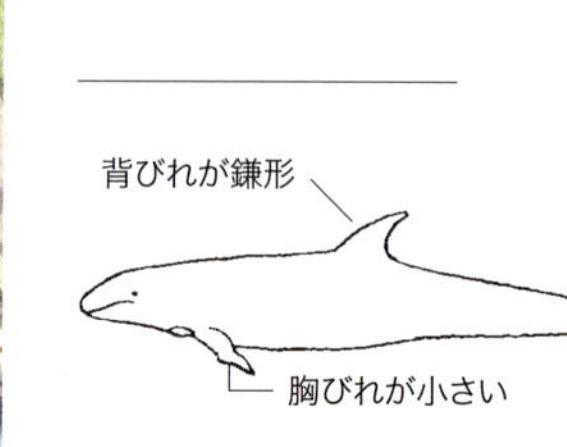

ハナゴンドウ(マツバイルカ)

Grampus griseus

体長:3.8〜4.1m
体重:400〜500kg

熱帯から温帯の海に広く分布、日本では太平洋側沖合でよく見られる。50 頭以下の群れで行動するが、100 頭以上の時もある。おもにイカを食べ、イカとの格闘や仲間同士の争いで、体に白いスジ状の傷が付くため、マツバイルカとも呼ばれている。

背びれが高い
上あごに歯がない

カズハゴンドウ
Peponocephala electra

体長：2.1〜2.8m
体重：150〜275kg

熱帯から亜熱帯海域に生息し、日本では沖縄でよく見られる。ゴンドウクジラのなかまとしては歯の数が多いのが和名の由来。100〜500頭の群れで行動し、イカや小魚を捕食する。よく集団座礁をおこし、100頭以上が打ち上げられたこともある。

ユメゴンドウ
Feresa attenuata

体長：2.1〜2.6m
体重：110〜225kg

熱帯や亜熱帯海域の外洋域に生息するらしい。イカやシイラなどを食べ、攻撃的で、英名は「小型シャチ」を意味するPygmy Killer Whaleである。日本では沖縄から銚子沖にかけて、少数だが捕獲・座礁の記録がある。

コビレゴンドウ
Globicephala macrorhynchus

体長：3.6〜7.2m
体重：1〜3.5t

熱帯から温帯の外洋に生息する。タッパナガ型とマゴンドウ型の2つのタイプがあり、北海道の太平洋岸から銚子にかけてはタッパナガ型、銚子から沖縄はマゴンドウ型が生息する。おもにイカを食べ、15〜50頭の母子中心の集団を作る。写真はマゴンドウ型。

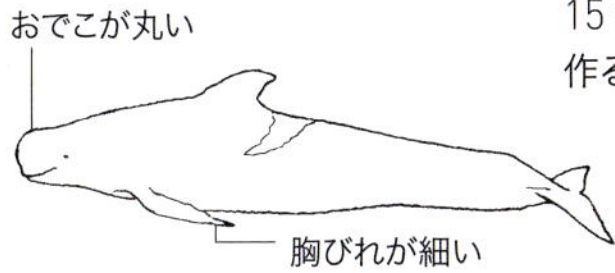

column

イルカの2型

コビレゴンドウにはマゴンドウ型とタッパナガ型の2タイプがあり生息海域も異なる。イシイルカも2タイプがあり、別種にされたこともあるリクゼンイルカ型の胎内からイシイルカ型の子が見つかっている。マイルカの2タイプはハセイルカとして別種になった。広い海の生き物はまだ謎が多く、DNA解析などで新種が見つかるなど、クジラやイルカの分類は今後も変化すると思われる。

コビレゴンドウのタッパナガ型

マイルカのなかま

マイルカ

Delphinus delphis delphis

体長：1.7〜2.3m
体重：70〜200kg

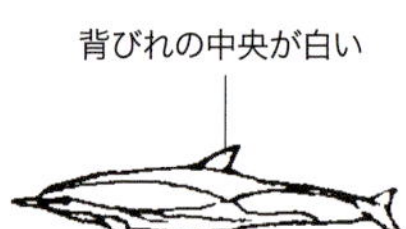

熱帯から温帯に分布し、日本近海では北海道から九州の太平洋を回遊する。イカやマイワシなどを捕食し、普通は10〜500頭の群れで行動し、水面上を集団でジャンプしながら高速で泳ぐ。最もイルカらしい体形をしているので、この和名が付いた。

ハセイルカ

Delphinus capensis capensis

体長：2.0〜2.6m
体重：80〜235kg

マイルカより温かい海に生息し、日本では九州から沖縄周辺の日本海や東シナ海で見られる。マイルカの変異の一つとされていたが、くちばしが長いなどの違いから、日本の漁師は江戸時代から区別して「ハセイルカ」と呼んでいた。DNAの分析など研究が進み、別種とされるようになった。

マダライルカ（アラリイルカ）

Stenella attenuata attenuata

体長：1.6〜2.6m
体重：90〜119kg

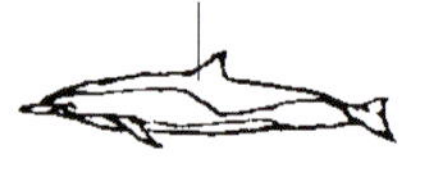

温帯から熱帯の海に生息する外洋性のイルカで、日本では伊豆半島の安良里ではじめて確認され、アラリイルカと呼ばれていた。イカやサバ、トビウオなどを捕食し、よくマグロ類と一緒に餌を捕っている。生息数は非常に多く、数頭〜数千頭の群れで行動する。

スジイルカ

Stenella coeruleoalba

体長：2.1〜2.5m
体重：90〜156kg

温帯から亜熱帯の比較的外洋に生息する。日本では秋に太平洋沿岸に現れ、岸に沿って南下、冬は紀伊半島以南に現れる。ハダカイワシやイカ、深海性のエビなどを捕食する。100〜300頭の比較的大きな群れで行動する。

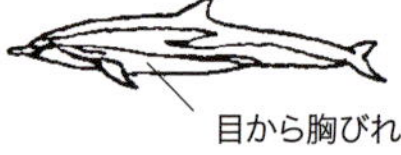

ハシナガイルカ
Stenella longirostris longirostris

体長：1.3〜2.8m
体重：45〜80kg

熱帯から亜熱帯海域に生息するくちばしの長い外洋性のイルカで、日本では小笠原海域に多い。10〜200頭の群れで行動し、イカやハダカイワシ、ヨコエソなどを捕食する。行動が活発で、空中に高くジャンプし、ドルフィンウォッチングの対象になっている。

シワハイルカ
Steno bredanensis

体長：2.5〜2.8m
体重：100〜155kg

熱帯から亜熱帯の海域に広く分布し、日本では三陸以南の太平洋、東シナ海に分布し、沖縄周辺に多い。イカやタコ、さまざまな沿岸性の魚を捕食する。10〜20頭の群れで行動する。歯のエナメル質の表面の凸凹からこの和名が付いた。

セミイルカ
Lissodelphis borealis

体長：2.3〜3.1m
体重：60〜115kg

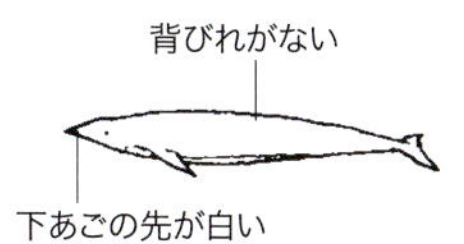

北太平洋の温帯から寒帯の海域に生息する。日本では夏に銚子以北で見られる。5〜200頭の群れで行動し、魚類やイカを捕食する。カマイルカとよく混群を作るが、背びれがないことで区別できる。

サラワクイルカ
Lagenodelphis hosei

体長：2〜2.7m
体重：160〜210kg

熱帯の海に生息するくちばしの短い外洋性のイルカで、日本沿岸で見られることはまれ。1972年に房総半島鴨川に漂着したのが最初の記録で、1984年に沖縄で1頭、1991年には和歌山県で群れで捕獲された。イカや魚、甲殻類を捕食する。

マイルカのなかま

ハンドウイルカ（バンドウイルカ）
Tursiops truncatus truncatus

体長：1.9〜3.8m
体重：136〜635kg

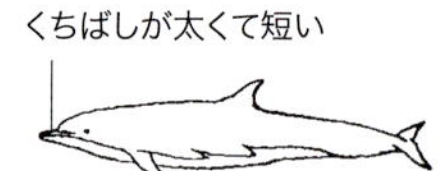

熱帯から温帯の海に広く生息する。日本近海では冬に東海・北九州以南、夏には北海道以南で見られる。魚類やイカなどいろいろなものを捕食し、2〜10数頭の群れで行動する。水族館で最もよく飼われるイルカで、飼育下でも繁殖する。日本では水族館生まれ5世にあたるものも誕生している。

ミナミハンドウイルカ（ミナミバンドウイルカ）
Tursiops aduncus

体長：1.9〜2.7m
体重：150〜230kg

太平洋東部からインド洋の暖かい海に分布し、1974年に奄美大島で捕獲され日本近海での生息が確認された。小笠原諸島、沖縄、御蔵島、紀伊半島、能登半島などの沿岸に定着し、ドルフィンウォッチングやドルフィンスイムの対象になっている。

カマイルカ
Lagenorhynchus obliquidens

体長：2.3〜2.4m
体重：85〜198kg

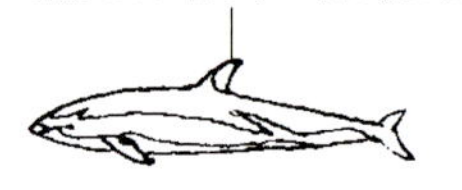

北太平洋の温帯から寒帯の海域のみに生息し、日本沿岸では5月頃に東北から北陸地方の沖で見られる。ブリやイワシなどの群集性の魚やイカを捕食する。10〜100頭の群れで移動し、沖合では2000頭の大群になることもある。鎌状の背びれが和名の由来。

column

腹びれのあるイルカ「はるか」

イルカやクジラの胸びれは前足の変化したもので、後足は退化し骨盤の痕跡しか残っていない。2006年に腹びれのあるハンドウイルカが和歌山県太地町沖で見つかった。「はるか」と名付けられ、5年にわたり飼育・研究された。

くらべてみよう

ハンドウイルカとミナミハンドウイルカの違い

日本近海のハンドウイルカは１種と考えられていたが、ミナミハンドウイルカも生息することがわかった。ドルフィンウォッチングやドルフィンスイムの対象とされるのは、人を恐れず、定住性の強いミナミハンドウイルカであることが多い。

ハンドウイルカ

大型でくちばしが短く、喉に斑点がない。

ミナミハンドウイルカ

やや小型でくちばしが長く、喉に斑点がある。

column

ホエールウォッチングとドルフィンスイム

海の環境を保全しつつ、自然の中で観光を楽しむ方法「エコツーリズム」の実践例としてホエールウォッチングやドルフィンスイムがある。

ホエールウォッチング

日本では、ザトウクジラやマッコウクジラ、シャチなどを対象としたウォッチングツアーが開催されており、地方によっては自主ルールを設けているところもある。

ドルフィンスイム

スノーケリングや素潜りでイルカとともに泳ぐもので、日本ではミナミハンドウイルカやハシナガイルカを対象とし、開催されている。こちらもガイドラインが設けられ、イルカに負担がないような工夫がされている。

くらべてみよう

クジラとイルカの呼び方の違い

クジラと呼ばれるなかま

大型のものをクジラと呼び、ひげクジラのなかまはすべてクジラと呼んでいる。歯クジラでもマッコウクジラ、ツチクジラなど大型のものはクジラと呼ぶ。

ひげクジラ

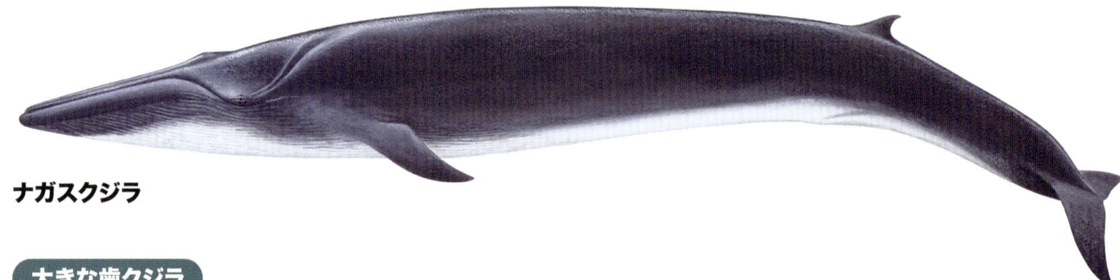

ナガスクジラ

大きな歯クジラ

ツチクジラ

ゴンドウ“ クジラ ”と呼ばれる頭でっかちのイルカ

分類上マイルカ科に属する頭の大きいゴンドウ類は、種名にはクジラと付かないが総称としてゴンドウクジラ（巨頭鯨）と呼ばれている。

コビレゴンドウ

ハナゴンドウ

イルカと呼ばれるなかま

小型で、体型がスマートで、くちばしが長いものをイルカと呼ぶ。ネズミイルカのように突き出たくちばしがなくても小型のものもイルカと呼ばれる。

小さなイルカ

ネズミイルカ

典型的なイルカのくちばし

ハセイルカ

スマートな体形

カマイルカ

クジラともイルカとも呼ばれないクジラやイルカ

クジラともイルカとも呼ばないクジラやイルカもいる。シャチ、スナメリ、イッカクなどで、突き出たくちばしのない丸い頭をしている。

シャチの子

最強と言われるイルカは、想像上の魚でもある鯱（シャチホコ）から名をもらった。

スナメリの子

小さなスナメリは海底で砂を巻き上げて餌をとるので、この名が付いた。

ミナミハンドウイルカ

ネズミイルカのなかま

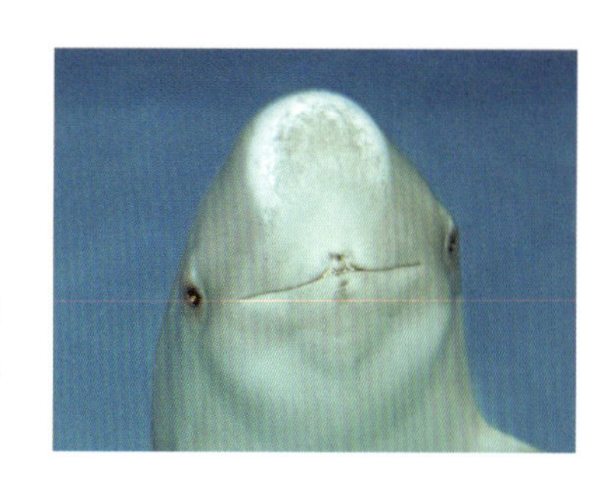

くちばしのない丸顔の小さなイルカ

太平洋、大西洋などの沿岸海域に3属7種が分布し、日本近海には3属3種が生息している。小型のイルカだが、典型的なイルカのような長いくちばしはもっていない。

スナメリ

Neophocaena asiaeorientalis sunameri

体長:1.2〜1.9m
体重:30〜45kg

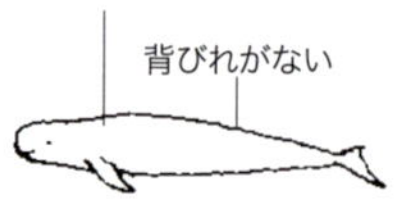

日本近海の温暖な海域の沿岸や内湾、河口に生息し、数頭で遊泳しているが、よい餌場では15頭くらいが集まる。浅い場所で、砂底からハゼやコノシロ、クルマエビなどを捕る。基亜種は黄海から揚子江の淡水域にも入る。

ネズミイルカ

Phocoena phocoena vomerina

体長:1.3〜2.0m
体重:55〜75kg

北半球の温帯、亜寒帯の冷水域に生息する沿岸性のイルカ。3亜種に分けられ、北太平洋亜種が日本海北部、銚子以北の太平洋沿岸で見られる。2〜10頭くらいの群れで行動し、よい餌場では数百頭が集まることもある。ニシンやカタクチイワシなど群集性の魚を捕食する。

イシイルカ

Phocoenoides dalli

体長:1.7〜2.4m
体重:60〜200kg

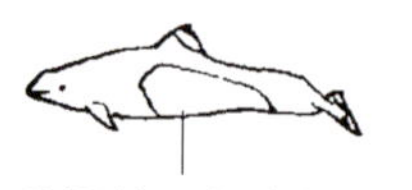

北太平洋だけに分布する外洋性のイルカ。リクゼンイルカ型とイシイルカ型という、2つのタイプがある。前者は三陸沖で越冬、夏はオホーツク海中部を回遊、後者は分布が広くオホーツク海を回遊、交尾・出産する。イワシ、ニシンなどの魚やイカを捕る。写真のイシイルカ型は2015年6月に北海道宗谷郡で座礁した個体。

コマッコウのなかま

煙幕ならぬ糞幕に逃げ込む小さなクジラ

熱帯から温帯の海域に1属2種が広く分布し、日本では2種とも記録されている。危険が迫るとイカ墨のような煙幕状の糞を出し、その中に隠れる。煙幕は花火の綱火を連想させ、漁師はこのなかまをつなびと呼んでいる。

コマッコウ
Kogia breviceps

体長:2.7〜4.2m
体重:342〜680kg

熱帯から温帯の海域に広く分布し、日本では北海道南部以南で漂着や観察例がある。短くて細い口、下顎に細長くとがった歯があり、おもにイカを食べる。ゆっくり泳ぎ、大きな群れは作らない。

オガワコマッコウ
Kogia sima

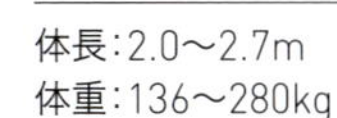

体長:2.0〜2.7m
体重:136〜280kg

クジラと呼ばれるなかまの中で、最も小さな種で、温帯から熱帯の大陸棚付近に生息する。日本では茨城県、新潟県以南で漂着の記録がある。おもに小さなイカを食べ、ゆっくり泳ぎ、普通は単独で行動する。写真は2007年6月に新潟県の阿賀野川河口で保護された個体。

column

つなび(綱火)

コマッコウとオガワコマッコウは危険が迫るとイカ墨のような煙幕状の糞を出し、その中に隠れる。煙幕は花火の綱火を連想させ、漁師はこの2種をつなびと呼んでいる。

マッコウクジラ

巨大な頭のダイオウイカのライバル

歯クジラのなかまでは最大。1 属 1 種が世界中の海に分布する。日本近海にも生息している。体長の 3 分の 1 ほどもある巨大な頭には脳油器官が詰まっていて、潜水時の浮力調節に使われていると考えられている。

マッコウクジラ
Physeter marcrocephalus

体長:11～19m
体重:20～70t

日本近海では三陸沖などの大陸棚斜面のある深い海域に多い。メスと子で 20 ～ 40 頭の育児集団を作り、オスは性成熟すると群れを離れる。イカが好物で、3000m の深海に潜り、ダイオウイカの吸盤痕がよく付いている。

横から見ると四角い頭部

こぶのような背びれ

シロイルカのなかま

海のカナリア

2 属 2 種が北極圏の冷たい海域に分布する。シロイルカはオホーツク海の個体群が冬季に南下し、日本近海でもまれに観察される。イッカクは漂流記録が 1 例ある。

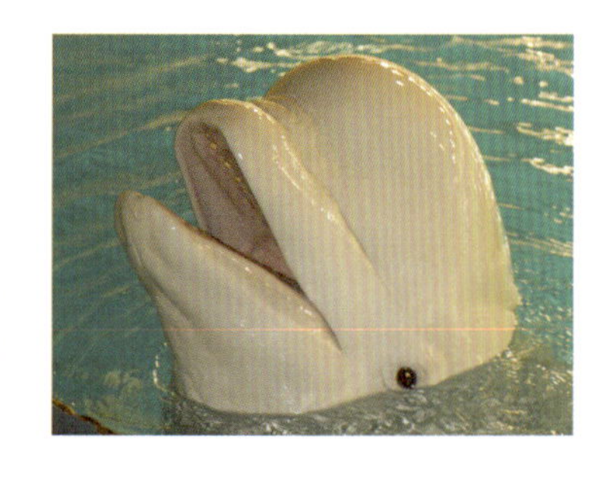

シロイルカ(ベルーガ)
Delphinapterus leucas

体長:3～4.5m
体重:0.5～1.6t

北極海と周辺海域に生息し、冬に北海道のオホーツク海沿岸などにまれに現れる。軟体動物や魚、大型プランクトンなどを食べる。大きな群れで行動し、まれに 1000 頭以上の集団を作ることもある。よく声をだし、空中でも甲高く聴こえ昔から海のカナリアと呼ばれている。

column

漂流記録のある海の哺乳類

世界中の海は繋がっているから、本来は生息していない日本の海域に、まれに到達する海の哺乳類が記録されている。
記録のある5種類は、日本より北あるいは寒流域の海域に本来生息している哺乳類である。

ホッキョククジラ *Balaena mysticetus*

頭が非常に大きなクジラで、北極圏の海域周辺に生息するが、1969年6月23日、大阪湾に迷い込んだことがある。
写真はその時の個体の骨格標本。

イッカク *Monodon monoceros*

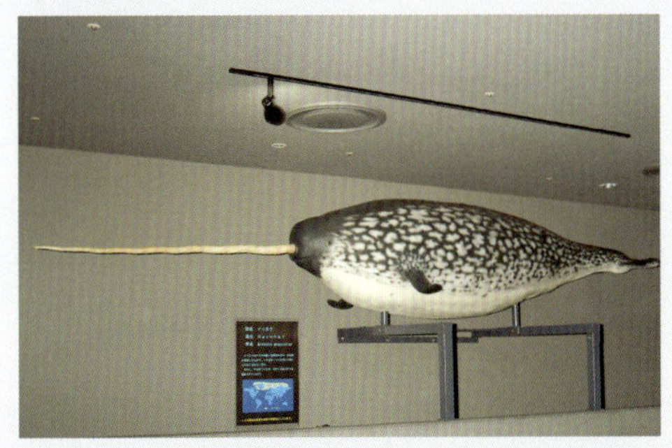

北極海に生息するイッカクも、江戸時代に1度だけ出現した記録がある。

キタゾウアザラシ *Mirounga angustirostris*

北アメリカ西岸に生息する最大のアザラシも、日本で3度、確認された。写真は2017年に山形県三瀬海岸に漂着した個体。

セイウチ *Odobenus rosmarus*

北極圏に生息するが、日本でも北海道の函館と根室、青森県八戸、三重県尾鷲市などで確認された記録がある。

ホッキョクグマ *Ursus maritimus*

北極圏に生息し、漂着の記録はない。しかし、戦前の図鑑には千島と宗谷、本州越後で採取したという記述が残っており、これらは江戸末期のものと思われる。しかし、今となっては、それがホッキョクグマだったかどうかは、調べるすべがない。

アカボウクジラのなかま

歯の退化した謎のクジラたち

世界中の海に 6 属 23 種が分布する。種類により生息海域が決まっていて、限られた海域からしか見つかっていないものもいる。日本では座礁したところや漂着個体で確認されたものが多く、4 属 8 種が記録されている。

クロツチクジラ

ツチクジラ
Berardius bairdii

体長：10.7〜12.8m
体重：10〜12t

北太平洋に分布する大型の歯クジラ。日本近海では夏に房総から三陸沖、秋には北海道東方海域で見られる。10 頭前後の群れを作る。1000 〜 3000m の海底でソコダラやチゴダラといった深海魚やイカ、タコ、甲殻類などを捕食する。2019 年にはやや小型で黒い**クロツチクジラ** *B. minimus* が記載された（上の写真）。

くちばしが長い
おでこが丸い

アカボウクジラ
Ziphius carvirostris

体長：5.5〜7m
体重：2〜3.5t

極地付近を除く広い海域に生息する。日本では、相模湾、鹿島灘、北海道南部、日本海北部で座礁記録がある。単独で行動し、イカや深海魚を捕食する。頭部が赤みを帯びたクリーム色で、前から見ると赤ん坊の顔のように見えるのが和名の由来。写真は 1983 年 9 月に千葉県南房総市で座礁した個体。

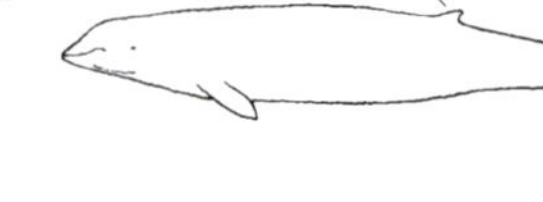

タイヘイヨウアカボウモドキ
Indopacetus pacificus

体長：5.6〜6.5m

ソマリアとオーストラリアで発見された頭骨が、新種として記載されたのは 1926 年。日本では 2002 年 7 月に鹿児島県で座礁した 6.5m のクジラが同種であると確認された。写真は、2010 年 9 月北海道函館市で座礁した国内 2 例目の個体。生態など詳細は不明。

オウギハクジラ
Mesoplodon stejnegeri

体長:4.8〜5.7m
体重:1〜1.3t

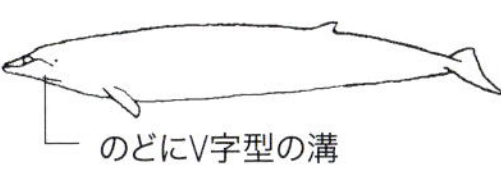

北太平洋の寒冷海域に生息し、日本では福井、新潟、秋田などで座礁の記録がある。それらは分娩直前のメスや新生児が春に座礁したもので、この海域で出産するのではないかと考えられている。胃内からイカのカラストンビと呼ばれる顎板が見つかり、イカを食べていることがわかった。写真は2010年3月に新潟県で座礁した個体。

イチョウハクジラ
Mesoplodon ginkgodens

体長:4.7〜5.2m
体重:1.5〜2t

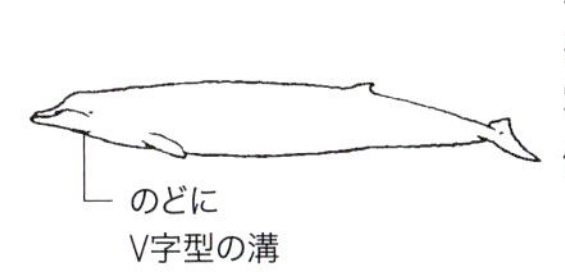

温帯から熱帯海域に生息し、日本では沖縄から北海道までの太平洋岸と、新潟で座礁の記録がある。1957年に神奈川県大磯で座礁した個体をもとに新種記載された。オスの下あごに1対だけ生えるイチョウ型の歯が和名の由来。写真は1982年8月に保護された個体。

ハッブスオウギハクジラ
Mesoplodon carlhubbsi

体長:4.7〜5.3m
体重:1〜1.5t

北太平洋の温帯海域にのみ生息し、日本では宮城県と静岡県などで数例の座礁記録がある。イカや深海魚を食べていると考えられている。オスの下あごには16cmほどになる1対の歯がある。写真は2015年4月に北海道様似郡で座礁した個体。

コブハクジラ
Mesoplodon densirostris

体長:4.2〜4.7m
体重:約1t

熱帯から亜熱帯の外洋で暮らしていると言われている。日本での記録は沖縄以外はまれで、本州では静岡であるのみ。オスの下顎からこぶ状の1対の歯が生えていることが和名の由来。イカを主食にしていると思われる。写真は2005年8月に宮崎県日南市で座礁した個体。

くらべてみよう

歯クジラの大きさをくらべてみよう

マッコウクジラ
ツチクジラ
イチョウハクジラ
マダライルカ
ハンドウイルカ
アカボウクジラ
セミイルカ
オウギハクジラ
10
15
20 m

column

絶滅した日本の哺乳類

ここでは、かつて日本に生息していたものの絶滅したとされる哺乳類を紹介する。長らく記録のなかったニホンカワウソが 2012 年発表の第４次レッドリストで絶滅種と判断された。30 年以上目撃例のないニホンアシカも掲載している。

オキナワオオコウモリ
Pteropus loochoensis

前腕長：136mmと143.5mm
頭胴長：不明
体重：不明

日本固有種で沖縄島に生息していたとされ絶滅したと考えられている。19 世紀に採集された 2 個体の標本が大英自然史博物館に保管されている。ミクロネシアのマリアナオオコウモリに近い種という説がある。

オガサワラアブラコウモリ
Pipistrellus sturdeei

前腕長：30mm
頭胴長：37 mm
尾長：31mm

小笠原諸島母島で 19 世紀末に採集され、その後記録がなく絶滅したと考えられている。タイプ標本が 1 つあるだけで、大英博物館に保管されている。

ニホンオオカミ
Canis lupus hodophilax

頭胴長：95〜114cm
尾長：30cm

本州、四国、九州に生息していた小型のオオカミで、1905 年の記録を最後に絶滅した。農林業の害獣であるシカ、ノウサギ、ネズミの天敵「大口の神」として神格化され大事にされていた。明治以降に輸入された洋犬からジステンパーや狂犬病に感染したのが絶滅の原因と考えられている。

エゾオオカミ
Canis lupus hattai

頭胴長：120〜129cm
尾長：27〜40cm

北海道に生息していた大型のオオカミで、1896 年の記録を最後に絶滅した。北海道開拓の時代に家畜の害獣として駆除され、イヌの伝染病の感染などが絶滅の原因と考えられている。

ニホンカワウソ
Lutra lutra nippon

頭胴長：64〜82cm
尾長：39〜49cm
体重：約8kg

ユーラシアに分布するカワウソの日本産亜種で、北海道から九州まで広く分布していたが、1983 年に高知県での記録を最後に絶滅したと考えられている。DNA 解析によりニホンカワウソ独立種説が浮上し、環境省レッドリストのように日本固有系と大陸系の 2 系統がいた可能性も示唆された。2017 年に長崎県対馬で発見されたカワウソは、DNA 解析で大陸系と判明した。

ニホンアシカ
Zalophus japonicas

体長：♂2.4m　♀1.8m
体重：♂500kg　♀120kg

かつて日本周辺の島で繁殖、回遊していたが絶滅したと考えられている。1972 年まで繁殖地として利用されていた日本海の竹島では 1958 年までアシカ猟が行われていた。

環境省レッドリスト

環境省版レッドリスト（絶滅のおそれのある野生生物の種のリスト）とは、それぞれの種における絶滅の危険度を専門家による検討会が評価し、その結果をリストにしたものです。

カテゴリー（ランク）の概要

絶滅［EX］	わが国ではすでに絶滅したと考えられる種
野生絶滅［EW］	飼育・栽培下でのみ存続している種
絶滅危惧Ｉ類［CR+EN］	絶滅の危機に瀕している種
絶滅危惧ＩＡ類［CR］	ごく近い将来における野生での絶滅の危険性が極めて高いもの
絶滅危惧ＩＢ類［EN］	IA 類ほどではないが、近い将来における野生での絶滅の危険性が高いもの
絶滅危惧 II 類［VU］	絶滅の危険が増大している種
準絶滅危惧［NT］	現時点での絶滅危険度は小さいが、生息条件の変化によっては「絶滅危惧」に移行する可能性のある種
情報不足［DD］	評価するだけの情報が不足している種
絶滅のおそれのある地域個体群［LP］	地域的に孤立している個体群で、絶滅のおそれが高いもの

【哺乳類】環境省レッドリスト2020〈分類群順〉

●絶滅［EX］ 7種

オキナワオオコウモリ *Pteropus loochoensis*
ミヤココキクガシラコウモリ *Rhinolophus pumilus miyakonis*
オガサワラアブラコウモリ *Pipistrellus sturdeei*
エゾオオカミ *Canis lupus hattai*
ニホンオオカミ *Canis lupus hodophilax*
ニホンカワウソ［本州以南亜種］ *Lutra lutra nippon*
ニホンカワウソ［北海道亜種］ *Lutra lutra whiteleyi*

●野生絶滅［EW］ 0種

—

●絶滅危惧ＩＡ類［CR］ 12種

センカクモグラ *Mogera uchidai*
ダイトウオオコウモリ *Pteropus dasymallus daitoensis*
エラブオオコウモリ *Pteropus dasymallus dasymallus*
クロアカコウモリ *Myotis formosus*
ヤンバルホオヒゲコウモリ *Myotis yanbarensis*
オキナワトゲネズミ *Tokudaia muenninki*
セスジネズミ *Apodemus agrarius*
ツシマヤマネコ *Prionailurus bengalensis euptilurus*
イリオモテヤマネコ *Prionailurus bengalensis iriomotensis*
ラッコ *Enhydra lutris*
ニホンアシカ *Zalophus japonicus*
ジュゴン *Dugong dugon*

●絶滅危惧ＩＢ類［EN］ 12種

オリイジネズミ *Crocidura orii*
エチゴモグラ *Mogera etigo*
オガサワラオオコウモリ *Pteropus pselaphon*
オリイコキクガシラコウモリ *Rhinolophus cornutus orii*
オキナワコキクガシラコウモリ *Rhinolophus pumilus pumilus*
コヤマコウモリ *Nyctalus furvus*
リュウキュウユビナガコウモリ *Miniopterus fuscus*
リュウキュウテングコウモリ *Murina ryukyuana*
アマミトゲネズミ *Tokudaia osimensis*
トクノシマトゲネズミ *Tokudaia tokunoshimensis*
ケナガネズミ *Diplothrix legata*
アマミノクロウサギ *Pentalagus furnessi*

●絶滅危惧 II 類［VU］ 9種

トウキョウトガリネズミ *Sorex minutissimus hawkeri*
ヤエヤマコキクガシラコウモリ *Rhinolophus perditus*
クビワコウモリ *Eptesicus japonensis*
ヤマコウモリ *Nyctalus aviator*
モリアブラコウモリ *Pipistrellus endoi*
ウスリホオヒゲコウモリ *Myotis gracilis*
ホンドノレンコウモリ *Myotis nattereri bombinus*
クロホオヒゲコウモリ *Myotis pruinosus*
オヒキコウモリ *Tadarida insignis*

●準絶滅危惧［NT］ 17種

アズミトガリネズミ *Sorex hosonoi*
シコクトガリネズミ *Sorex shinto shikokensis*
コジネズミ *Crocidura shantungensis*
ワタセジネズミ *Crocidura watasei*
ミズラモグラ *Euroscaptor mizura*
サドモグラ *Mogera tokudae*
ミヤマムクゲネズミ *Myodes rex montanus*
リシリムクゲネズミ *Myodes rex rex*
エゾナキウサギ *Ochotona hyperborea yesoeensis*
サドノウサギ *Lepus brachyurus lyoni*
ニホンイイズナ［本州亜種］ *Mustela nivalis namiyei*
ホンドオコジョ *Mustela erminea nippon*
エゾオコジョ *Musterla erminea orientalis*
ツシマテン *Martes melampus tsuensis*
エゾクロテン *Martes zibellina brachyura*
トド *Eumetopias jubatus*
ゼニガタアザラシ *Phoca vitulina*

●情報不足［DD］ 5種

オオアブラコウモリ *Hypsugo alaschanicus*
ヒメヒナコウモリ *Vespertilio murinus*
クチバテングコウモリ *Murina tenebrosa*
スミイロオヒキコウモリ *Tadarida latouchei*
エゾシマリス *Tamias sibiricus lineatus*

●絶滅のおそれのある地球個体群［LP］ 26集団

九州地方のカワネズミ *Chimarrogale platycephala*
与那国島のカグラコウモリ *Hipposideros turpis*
波照間島のカグラコウモリ *Hipposideros turpis*
本州のチチブコウモリ *Barbastella leucomelas*
四国のチチブコウモリ *Barbastella leucomelas*
近畿地方以西のウサギコウモリ *Plecotus sacrimontis*
紀伊半島のシナノホオヒゲコウモリ *Myotis ikonnikovi hosonoi*
中国地方のシナノホオヒゲコウモリ *Myotis ikonnikovi hosonoi*
北奥羽・北上山系のホンドザル *Macaca fuscata fuscata*
金華山のホンドザル *Macaca fuscata fuscata*
房総半島のホンドザル *Macaca fuscata fuscata*
中国地方のニホンリス *Sciurus lis*
九州地方のニホンリス *Sciurus lis*
天塩・増毛地方のエゾヒグマ *Ursus arctos yesoensis*
石狩西部のエゾヒグマ *Ursus arctos yesoensis*
下北半島のツキノワグマ *Ursus thibetanus japonicus*
紀伊半島のツキノワグマ *Ursus thibetanus japonicus*
東中国地域のツキノワグマ *Ursus thibetanus japonicus*
西中国地域のツキノワグマ *Ursus thibetanus japonicus*
四国山地のツキノワグマ *Ursus thibetanus japonicus*
馬毛島のニホンジカ *Cervus nippon*
徳之島のリュウキュウイノシシ *Sus scrofa riukiuanus*
四国地方のカモシカ *Capricornis crispus*
九州地方のカモシカ *Capricornis crispus*
紀伊山地のカモシカ *Capricornis crispus*
鈴鹿山地のカモシカ *Capricornis crispus*

サラワクイルカ

情報編

特別天然記念物・天然記念物に指定されている日本の哺乳類（五十音順）

文部科学省の所轄する「文化財保護法」によって特別天然記念物および天然記念物に指定されている哺乳類をリストにした。地域を定めずに指定されているものはどこであっても許可なく捕獲等をすることはできない。本書で登場しない秋田犬、柴犬といった日本犬については省略した。

特別天然記念物

地域を定めず指定

アマミノクロウサギ
イリオモテヤマネコ
カモシカ
カワウソ

天然記念物

地域を定めず指定

エラブオオコウモリ
オガサワラオオコウモリ
ケナガネズミ
ジュゴン
ダイトウオオコウモリ
ツシマテン
ツシマヤマネコ
トゲネズミ
ヤマネ

オガサワラオオコウモリ

地域指定されている天然記念物

① 下北半島のサルおよびサル生息北限地◎**青森県むつ市、下北郡**
※ニホンザルは下北半島に生息するもの全部
② 岩泉湧窟及びコウモリ◎**岩手県・下閉伊郡**
③ 笠堀のカモシカ生息地◎**新潟県・三条市**
④ 高宕山のサル生息地◎**千葉県・富津市、君津市**
⑤ 西湖蝙蝠穴およびコウモリ◎**山梨県・南都留郡**
⑥ 奈良のシカ◎**奈良県・奈良市一円**
⑦ 箕面山のサル生息地◎**大阪府・箕面市**
⑧ 臥牛山のサル生息地◎**岡山県・高梁市**
⑨ 龍河洞◎**高知県・香美市**
⑩ スナメリクジラ廻游海面◎**広島県・竹原市**
⑪ 向島タヌキ生息地◎**山口県・防府市**
⑫ 見島ウシ産地◎**山口県・萩市**
⑬ 大吼谷蝙蝠洞◎**山口県・下関市**
⑭ 高崎山のサル生息地◎**大分県・大分市**
⑮ 幸嶋サル生息地◎**宮崎県・串間市**
⑯ 岬馬およびその繁殖地◎**宮崎県・串間市**
⑰ ケラマジカおよびその生息地◎**沖縄県・島尻郡**

笠堀のカモシカ生息地
（新潟県三条市）

哺乳類の繁殖データ

掲載した哺乳類の繁殖データを一覧にした。これらのデータは動物園や水族館などの飼育下で得られた情報も含む。

・妊娠期間…交尾から出産までの期間

・実質的妊娠期間…交尾の後、受精しても冬眠中や真冬の間は着床しない種類がいる（着床遅延と言う）。これらは、着床して胚の発育育成する期間も併記した。

・産子数…一回の出産で産まれる子の数。[ ] 内の数値は飼育下などで得られた例外的な数値も含んだもの。

・寿命の項目で「～33」などとあるのは、最長寿の記録

霊長類

	交尾期	出産期	性成熟	妊娠期間	産子数	乳頭数	哺乳期間	寿命
種名 [単位]	[月or季節]	[月or季節]	[年]	[日]	[頭] [幅]	[対]	[カ月]	[年]
ホンドザル	秋～冬	春～初夏	♀3.5 ♂4.5	166～180	1 [1～2]	1	8～12	～33
ヤクシマザル	9～2	4～6	♀4		1	1		
タイワンザル	11～1	3～6	♀3.5～4.5 ♂5～6	162～180	1 [1～2]	1	6～12	～39
アカゲザル	秋～冬	春～初夏	♀3.5～5.5 ♂6.5	163～170	1	1		～37

兎類

	交尾期・出産期	性成熟	妊娠期間	産子数	乳頭数	哺乳期間	寿命
種名 [単位]	[月or季節]	[カ月]	[日]	[頭] [幅]	[対]	[日]	[年]
エゾナキウサギ	春～夏	4～6	28	2～4 [1～5]	2	14	1～3
アマミノクロウサギ	春と秋		推定30	1 [1～2]	3	28	～15
カイウサギ	1年中	3～4	28～30	1～10	4～5	21	～19
キュウシュウノウサギ	6～9	5～10	45～47	2～3 [1～4]	4	21	1～12
トウホクノウサギ	5～7	6～10	42～43	1～3	4	21～28	1～13
サドノウサギ	3～10		46～49	1～2	4	21	1～10
エゾユキウサギ	春～夏	7～12	48～52	2～4 [1～8]	4	7～21	1～13

齧歯類

	交尾期・出産期	性成熟	妊娠期間	産子数	乳頭数	哺乳期間	寿命
種名 [単位]	[月or季節]	[日]	[日]	[頭] [幅]	[対]	[日]	[年]
ヤマネ	春～秋	60	32	3～5 [1～10]	4	25	2～8
ニホンリス	2～6・4～7	180	39～40	[2～6]	4	70～100	3～5
エゾリス	2～5・4～8	300	38～39	3～6 [1～10]	4	約70	3～16
エゾシマリス	春～初夏	330	30	5 [3～7]	4	約50	5～9
タイワンリス	12～1と4～5	330	35～40	2～3	2		～8
ムササビ	11～1と5～6・2～3と9～10		74	2 [1～4]	3	約90	10～14
エゾモモンガ	2～3&6～7	300	45	3 [2～6]	4	約60	3～5
ニホンモモンガ	2～3と6・4～5と7～8			1～6	5		～7
エゾヤチネズミ	夏1山型と春夏2山型	30	18～19	4～5 [1～12]	4	15～20	1～2
ムクゲネズミ				6	4		
ミカドネズミ	春と秋	32		5～6 [2～7]	4		～1.7
スミスネズミ	夏1山型と春夏2山型	♀23～28 ♂31～34	19	2～3 [1～4]	2～3		2～3
ヤチネズミ	夏1山型と冬～春型 [和歌山]			3 [1～5]	4		
ハタネズミ	夏1山型と春夏2山型	60	21	2～4 [1～9]	4	14～18	1～2
マスクラット	春～秋		25～30	4～9 [1～11]	3		～5
アマミトゲネズミ	10-12			1～7	2		
オキナワトゲネズミ	10-12			1～10	2		
トクシマトゲネズミ				1～6	3		
カヤネズミ	春と秋	45～60	17～19	3～5 [1～8]	4	15～17	2～3
ヒメネズミ	春と秋	60～90		3～5 [1～9]	4	13～14	3～7
アカネズミ	春と秋	60～90	19～26	4～7 [2～12]	4	18～19	2～5
カラフトアカネズミ	4～8		20	5 [1～8]	4		1～5
セスジネズミ				1～7	4		
ハツカネズミ	春と秋or1年中	50～80	19～21	4～6 [1～7]	5	20	0.5～2
オキナワハツカネズミ	1年中	40	20	3～5 [1～6]	5	17	
ドブネズミ	1年中	50～80	21～24	6～8 [1～10]	6	20	1～3
クマネズミ	1年中	80～110	21～24	5～7 [1～9]	5	20	1～4
ケナガネズミ				2～5	4		
ヌートリア	年2～3回	180～210	130	5～8 [1～11]	4		

情報編

食虫類

	交尾期・出産期	妊娠期間	産子数	乳頭数	哺乳期間	寿命
種名 [単位]	[月or季節]	[日]	[頭] [幅]	[対]	[日]	[年]
トウキョウトガリネズミ	春〜秋		3〜4	3		1〜1.9
アズミトガリネズミ	6〜10		2〜5	3		1〜1.5
ヒメトガリネズミ	春〜秋	19〜24	6 [4〜8]	3	22	1〜1.1
オオアシトガリネズミ	春〜夏		4〜8	3		1〜2.5
エゾトガリネズミ	春〜秋		5〜9	3		1〜1.7
ホンシュウトガリネズミ	春〜初夏		2〜8	3		1〜1.5
ジネズミ	4〜10	29	3〜4 [1〜5]	3		約1
ワタセジネズミ	1〜10		2〜4 [1〜5]	3		約1
オリイジネズミ				3		
チョウセンコジネズミ	春と秋	28	3〜5 [1〜7]	3	18〜22	
ジャコウネズミ	1年中	31	3〜5 [1〜6]	3	17〜20	約3
カワネズミ	春と秋		2〜5 [1〜6]	3		約3
ヒメヒミズ	4〜6	28	3〜5 [1〜6]	3		約2
ヒミズ	6〜9	28	3〜4 [1〜6]	3	約28	約3
ミズラモグラ	5〜8		3 [1例]			
アズマモグラ	春と秋	35〜42	2〜6	4	約40	約3
コウベモグラ	春と秋		3〜6	4		約3
サドモグラ	春〜夏		2〜3	4		約3
エチゴモグラ	春〜夏		1〜4	4		約3
アムールハリネズミ	春と秋		3〜6 [1〜7]	4〜5		〜4

翼手類

	交尾期	出産期	妊娠期間 [実質的妊娠期間]	産子数	乳頭数	飛翔までの日数	寿命
種名 [単位]	[月]	[月or季節]	[日]	[頭] [幅]	[対]	[日]	[年]
オガサワラオオコウモリ	12〜4	初夏		1	1		〜18
クビワコウモリ	9〜12	4〜5	150〜210	1	1		〜24
キクガシラコウモリ	10	夏	約90	1	1+1[擬乳頭]	35	〜23
コキクガシラコウモリ	10〜11	初夏	約90	1	1+1[擬乳頭]	25	〜21
オキナワコキクガシラコウモリ	11〜1	5〜6		1	1+1[擬乳頭]		
ヤエヤマコキクガシラコウモリ		5		1	1+1[擬乳頭]	25	
カグラコウモリ		5〜6		1	1+1[擬乳頭]	35	〜13
モモジロコウモリ	10〜11	6月上旬	70〜80	1	1	25〜35	〜19
カグヤコウモリ		夏		1	1	30	〜11
ノレンコウモリ	10〜11	初夏	約90	1	1	30	〜15
ヒメホオヒゲコウモリ		6〜8		1	1		
クロホオヒゲコウモリ		6月中旬		1	1		
ウスリーホオヒゲコウモリ		7		1	1	25〜30	
ドーベントンコウモリ		7		1	1		
モリアブラコウモリ		夏		2	1		

	交尾期	出産期	妊娠期間 [実質的妊娠期間]	産子数	乳頭数	飛翔までの日数	寿命
種名 [単位]	[月]	[月or季節]	[日]	[頭][幅]	[対]	[日]	[年]
イエコウモリ [アブラコウモリ]	10	初夏	70	3 [1〜4]	1	25〜30	〜10
ヤマコウモリ	秋	6〜7	38〜70	2 [1〜2]	1	40〜45	〜6
クビワコウモリ		6		1	1	30	〜13
キタクビワコウモリ		6〜7		1	1	30	〜12
ヒナコウモリ		6〜7		2 [1〜3]	1	35	〜11
ニホンウサギコウモリ		6〜7		1	1	30	〜22
テングコウモリ		7月上旬		1〜3	1		
コテングコウモリ	9	6〜7		1〜2	1		
ユビナガコウモリ	10〜11	7月上旬	260 [約90]	1	1	30	〜15
コユビナガコウモリ		5〜6		1	1	30	
オヒキコウモリ		7〜8		1	1		〜15

食肉類

	交尾期	出産期	性成熟	妊娠期間 [実質的妊娠期間]	産子数	乳頭数	哺乳期間	寿命
種名 [単位]	[月]	[月]	[カ月]	[日]	[頭][幅]	[対]	[週]	[年]
ツシマヤマネコ	1〜3	4〜5	8	61〜66	2 [1〜4]	2	8〜12	〜18
イリオモテヤマネコ	1〜3	5〜6			2 [1〜3]	2〜3		〜14
イエネコ(野良ネコ)	1〜3	5〜6	♀6〜10 ♂12	61〜70	4〜5 [1〜14]	3〜4	6〜8	〜10
ハクビシン	1〜10	3〜12	10〜22	51〜59	2〜4 [1〜6]	2	8〜10	〜15
フイリマングース	1〜9	3〜11	12	42〜49	2〜4	3	4〜6	〜10
アライグマ	2〜3	4〜6	12	63	3〜4 [3〜7]	3〜4	9〜16	5〜18
タヌキ	2〜4	3〜6	9〜11	59〜64	4〜5 [1〜8]	4	8	6〜13
キタキツネ	1〜2	3〜4	9〜10	52〜53	3〜5 [2〜7]	4	6〜8	〜14
ホンドキツネ	12〜2	2〜4	10	51〜53	3〜5 [2〜7]	4	6〜8	〜10
ニホンツキノワグマ	6〜8	1〜2	♀4 ♂2〜4	210〜270 [約60]	2 [1〜4]	3	18〜22	〜34
エゾヒグマ	5〜7	1〜2	♀6 ♂4	約240 [約60]	1〜2 [1〜4]	3	18〜22	〜38
ホンドテン	7〜8	4〜5	24	270〜285 [30]	2〜3 [1〜5]	4	6〜7	〜17
ツシマテン	7〜8	4〜5			2 [1〜3]	4		
エゾクロテン	6〜8	4〜5	15〜16	274 [25〜40]	3〜4 [1〜7]	3	7	〜15
ニホンイタチ	4〜5	5〜6	♀10 ♂12	37	3〜5 [1〜8]	3〜4	8〜10	〜9
チョウセンイタチ	4〜5	5〜6		33〜37	5〜6 [2〜12]	3〜4	8	〜7
アメリカミンク	2〜3	5〜4	♀12 ♂18	39〜78 [27〜33]	4〜6 [2〜10]	3	5〜6	〜7
オコジョ	1年中	4〜5	♀6 ♂12	210〜360 [33]	5〜12 [4〜18]	4	5	〜7
イイズナ	3〜4	5〜8	♀3 ♂4	34〜37	4〜5 [1〜10]	4	6〜8	〜6
ニホンアナグマ	4〜7	3〜5	12	308〜336 [42〜65]	2〜3 [1〜4]	3	8〜13	7〜15
ラッコ	1年中	5〜6	♀48〜60 ♂60〜72	1 [1〜2]	1	1	8〜12	〜20

情報編

鰭脚類

	交尾期	出産期	性成熟	妊娠期間 [実質的妊娠期間]	産子数	乳頭数	哺乳期間	寿命
種名 [単位]	[月]	[月]	[年]	[日]	[頭]	[対]	[日]	[年]
オットセイ	6〜8	6〜8	♀♂3〜5	330〜345	1	2	120	〜23
トド	5〜7	5〜7	♀4〜5 ♂3〜9	330〜345	1	2	240〜330	〜30
アゴヒゲアザラシ	3〜6	3〜5	♀5 ♂6〜7	295	1	2	18〜24	20〜31
ゼニガタアザラシ	6	5	♀3〜4 ♂4〜5	315	1	1	21〜28	〜34
ゴマフアザラシ	4	3〜4	♀2〜5 ♂3〜6	330	1	1	21〜28	〜32
ワモンアザラシ	4〜5	3〜4	♀♂6〜7	330	1	1	42〜56	〜43
クラカケアザラシ	5〜7	3〜4	♀2〜4 ♂3〜5	270〜295	1	1	21〜28	25〜31

偶蹄類

	交尾期	出産期	性成熟	妊娠期間	産子数	乳頭数	哺乳期間	寿命
種名 [単位]	[月or季節]	[月or季節]	[年]	[日]	[頭] [幅]	[対]	[日]	[年]
ニホンイノシシ	12〜3	4〜7	1	112〜119	4.5 [1〜8]	5	60	〜20
リュウキュウイノシシ	夏と冬	春と秋	1	115	3.9	5		〜20
ニホンジカ	9〜11	5〜7	2	222〜237	1	2	180	〜26
キョン	1年中	1年中	♀0.5	210	1	2		〜13
ニホンカモシカ	10〜11	5〜6	2〜4	210〜220	1 [1〜2]	2	90〜150	〜24

鯨類

	交尾期	出産期	性成熟	妊娠期間	産子数	乳頭数	新生児の大きさ	新生児の重さ	哺乳期間	寿命
種名 [単位]	[月or季節]	[月or季節]	[年]	[カ月]	[頭]	[対]	[cm]	[kg]	[カ月]	[年]
シロナガスクジラ	冬	冬	8〜10	10〜12	1	1	650	2500	7〜8	〜100超
イワシクジラ	冬	冬	10〜11	10〜11	1	1	450	780	6〜7	〜60
ニタリクジラ	1年中	-	5〜10	11〜12	1	1	400	680	6	〜55
ミンククジラ	1〜2	12〜1	♀6 ♀7	10	1	1	220	350	4	〜62
ナガスクジラ	冬	冬	10〜12	11	1	1	640	1250	6〜7	〜101
ザトウクジラ	1〜3	1〜3	4〜5	10〜11	1	1	430	900	10〜11	〜77
セミクジラ	11〜12	10〜12	9〜10	11〜12	1	1	430	900	4〜8	〜70
コククジラ	1〜2	1〜3	6〜12	11〜13.5	1	1	490	680	7	75〜80
シャチ	5〜10	10〜3	♀10〜15 ♂15	15〜18	1	1	240	160	12〜36	♀80〜90 ♂50〜60
オキゴンドウ	12〜1	3〜4	♀8〜10 ♂10〜11	15〜16	1	1	175		18	♀〜62 ♂〜57
ハナゴンドウ	春〜秋	夏〜秋	♀8〜10 ♂10〜12	13〜14	1	1	130			〜40
コビレゴンドウ [マゴンドウ]	4〜6	6〜8	♀7〜12 ♂14〜19	15〜16	1	1	140	38		♀〜62 ♂〜45

	交尾期	出産期	性成熟	妊娠期間	産子数	乳頭数	新生児の大きさ	新生児の重さ	哺乳期間	寿命
種名 [単位]	[月or季節]	[月or季節]	[年]	[カ月]	[頭]	[対]	[cm]	[kg]	[カ月]	[年]
コビレゴンドウ [タッパナガ]	10～11	12～1			1	1	185	84		
カズハゴンドウ	7～8		♀15 ♂11.5		1	1	100	15		♀30 ♂22
マイルカ	春～夏	夏	♀6～8 ♂7～12	10～12	1	1	90		14～19	18～28
ハセイルカ	夏	夏			1	1	90			～22
マダライルカ	春と秋	春と秋	♀9～11 ♂12～15	11.2～11.5	1	1	85		20	♀～46 ♂～40
スジイルカ	夏と冬	夏と冬	♀5～13 ♂7～15	12～13	1	1	95	9	18	～58
ハシナガイルカ	春～秋	春～夏	♀4～7 ♂7～10	10	1	1	77		12～24	～26
シワハイルカ			♀10 ♂14		1	1	100			32～36
セミイルカ	夏	夏	9～10	12	1	1	100			～42
サラワクイルカ	春と秋	春と秋	♀5～8 ♂7～10	12～13	1	1	100	19	12.5	～19
ハンドウイルカ	1年中	1年中	♀5～14 ♂9～14	12	1	1	120	17	18	～50
ミナミハンドウイルカ	1年中	1年中	♀12～15 ♂10～15	12	1	1	100	15		40～50
カマイルカ	5～9	5～8	♀8～11 ♂9～12	11～12	1	1	92			♀～46 ♂～42
スナメリ	5～6	4～5	♀4～6 ♂3～6	11	1	1	75	6	6～15	～33
ネズミイルカ	春～初夏	4～8	3～4	10～11	1	1	72	5	11	～24
イシイルカ	8～9	6～8	♀4～7 ♂3.5～8	11	1	1	100	11		～20
コマッコウ		春～夏	♀5 ♂2.5～5	11	1	1	120	24		～23
オガワコマッコウ		夏	♀4.5 ♂2.6～3	9または11	1	1	100			～22
マッコウクジラ	5～6	夏～秋	♀7～13 ♂10	14～16	1	1	400	1000	18～40	～77
シロイルカ	春	夏	♀9～12 ♂10～13	14～15	1	1	150	80	6～24	～80
ツチクジラ	10～11	3～4	♀12 ♂8	17	1	1	400			♀～54 ♂～84
アカボウクジラ				12	1	1	270	280	12	40～60

海牛類

	交尾期	出産期	性成熟	妊娠期間	産子数	乳頭数	新生児の大きさ	新生児の重さ	哺乳期間	寿命
種名 [単位]	[月or季節]	[月or季節]	[年]	[月]	[頭]	[対]	[cm]	[kg]	[カ月]	[年]
ジュゴン	1年中	1年中	9～10	13～14	1	1	115	30	18	～73

さくいん

本書で登場する哺乳類の一覧です。写真と解説で大きく紹介しているものは太字で示しています。

ア

カ

サ

参考文献（タイトル、著者、発行元、発行年の順に記した）

日本哺乳類図説　黒田長禮　三省堂　1940

日本獣類図説　黒田長禮　創元社　1953

原色日本哺乳類図鑑　今泉吉典　保育社　1960

鯨類・鰭脚類　西脇昌治　東海大学出版会　1965

標準原色図鑑全集動物Ⅰ・Ⅱ　林　寿郎　保育社　1968

日本哺乳動物図説　今泉吉典　新思潮社　1970

日本の哺乳類Ⅱ 海にすむ動物たち　薮内正幸　岩崎書店　1994

わくわくウオッチング図鑑「クジラ・イルカ」　加藤秀弘監修　学習研究社　1995

日本動物大百科１～２　日高敏隆　平凡社　1996

哺乳類科学　日本の哺乳類種名検討会編　日本哺乳類学会　1996～1997

レッドデータ日本の哺乳類　日本哺乳類学会　文一総合出版　1997

鰭脚類　　和田一雄 / 伊藤徹魯　東京大学出版会　1999

日本コウモリ研究誌　前田喜四雄　東京大学出版会　2001

日本の哺乳類〔改訂版〕　阿部永監修　東海大学出版会　2005

Guide to MARINE MAMMALS of the World
Pieter　A. Folkens ほか　National Audubon Society　2002

改訂・日本の絶滅のおそれのある野生生物 1 哺乳類　環境省自然保護局野生生物課
自然環境研究センター　2002

Longevity of Mammals in Captivity　Richrd Weigl　Kleine Senckenberg-Reihe 48　2005

新・飼育ハンドブック - 資料編 -　日動水協教育指導部　日本動物園水族館協会　2005

日本の哺乳類学①小型哺乳類　本川雅治編　東京大学出版会　2008

日本の哺乳類学②中大型哺乳類・霊長類　高槻成紀・山極寿一編　東京大学出版会　2008

日本の哺乳類学③水生哺乳類　加藤秀弘編　東京大学出版会　2008

Handbook of the Mammals of the World Vol.1～9
D.E.Wilson・R.A.Mittermeier　Lynx　Edicions　2009～2019

The Wild Mammals of Japan
S.D.Ohdachi・Y.Ishibashi・M.A.Iwasa・T.Saitoh ほか　SHOUKADOH　2009

日本の家畜・家禽フィールドベスト図鑑特別版　秋篠宮文仁・小宮輝之　学研教育出版　2009

海獣図鑑　荒井一利　文溪堂　2010

日本の哺乳類増補改訂フィールドベスト図鑑　小宮輝之　学研教育出版　2010

日本哺乳類大図鑑　飯島正広・土屋公幸　偕成社　2010

コウモリ識別ハンドブック改訂版　コウモリの会文一総合出版　2011

哺乳類の足型・足跡ハンドブック　小宮輝之　文一総合出版　2013

リス・ネズミ　ハンドブック　飯島正広・土屋公幸　文一総合出版　2015

モグラ　ハンドブック　飯島正広・土屋公幸　文一総合出版　2015

世界哺乳類標準和名目録　日本哺乳類学会　2018

奄美の空にコウモリとんだ　松橋利光・木元侑奈　アリス館　2018

ご協力いただいた方々（五十音順・敬称略）

写真提供

天野雅男
飯島正広
一柳秀隆
今井　仁
入江正己
岩田高志
大野雅之
奥田　潤
落合雄介
鍵井靖章
加藤治彦
川口　誠
神崎真貴雄
木元侑菜
小林康弘
小宮洋子
斉藤　久
佐藤嘉宏
佐藤寛之
佐藤雅彦
佐藤雅彦
佐藤浩一
清水　泰
清水海渡
曽宮和夫
高橋有子
高松ミミ
田中正人
土屋公幸
船越公威
前田喜四雄
間曽さちこ
松山龍太
向山　満
山崎良一
横畑泰志
吉岡由恵

一般財団法人 日本鯨類研究所
愛媛県立とべ動物園
株式会社海の中道海洋生態科学館
株式会社パパヤマリンスポーツ・
トロピカルインパパヤ
環境省徳之島自然保護官事務所
ストランディングネットワーク北海道
太地町立 くじらの博物館
銚子海洋研究所
鶴岡市立加茂水族館
Deep Blue
特定非営利活動法人 NPO 砂浜美術館
特定非営利活動法人 コウモリの保護を考える会
特定非営利活動法人 宮崎くじら研究会
新潟市水族館マリンピア日本海

撮影協力・資料提供

荒井一利
大澤　進
勝俣悦子
河原　淳
菊地文一
桑原一司
中嶋捷恵
野中俊文
畑瀬　淳
服部正策
村山　司
渡邊春隆
一般財団法人 自然環境研究センター
小樽水族館
鴨川シーワールド
環境水族館　アクアマリンふくしま
公益財団法人　キープ協会やまねミュージアム
国立科学博物館
三条市役所
鳥羽水族館
平戸市生月町博物館
薮内正幸美術館

絵・イラスト

坂本直実
前川和明
薮内正幸

著

小宮輝之（こみやてるゆき）

1947年東京生まれ。上野動物園元園長。明治大学農学部卒。1972年多摩動物公園の飼育係になる。多摩動物公園、上野動物園の飼育課長を経て、2004年から2011年まで上野動物園の園長を務める。著書に『日本の哺乳類』（学研教育出版）、『物語 上野動物園の歴史』（中央公論新社）、『哺乳類の足型・足跡ハンドブック』（文一総合出版）ほか多数。

絵

薮内正幸（やぶうちまさゆき）

1940年大阪に生まれ。福音館書店入社後、図鑑・絵本の画を担当、1971年にフリーランスに転身。動物画家として図鑑、絵本、広告など幅広い分野で活躍する。 動物たちへの温かい眼差しで描かれた作品は1万点以上遺されている。 2000年逝去。本書では鯨類の絵を担当。

装幀・アートディレクション——美柑和俊［MIKAN-DESIGN］
本文デザイン——田中未来［MIKAN-DESIGN］
編集——間曽さちこ・草柳佳昭［山と溪谷社］

くらべてわかる 哺乳類

2016年4月15日　初版第1刷発行
2023年4月1日　第2版1刷発行

著——小宮輝之
発行人——川崎深雪
発行所——株式会社 山と溪谷社
〒101-0051 東京都千代田区神田神保町1丁目105番
https://www.yamakei.co.jp/
印刷・製本——図書印刷株式会社

◎乱丁・落丁、及び内容に関するお問合せ先
山と溪谷社自動応答サービスTEL.03-6744-1900
受付時間／11:00〜16:00（土日、祝日を除く）
メールもご利用ください。
【乱丁・落丁】service@yamakei.co.jp 【内容】info@yamakei.co.jp
◎書店・取次様からのご注文先
山と溪谷社受注センターTEL.048-458-3455 FAX.048-421-0513
◎書店・取次様からのご注文以外のお問合せ先　eigyo@yamakei.co.jp

*定価はカバーに表示してあります。
*乱丁・落丁などの不良品は送料小社負担でお取り替えいたします。

ISBN978-4-635-06351-7